Kunden Führen
Wie interne Kundenorientierung
Leistung und Motivation fördert

Kunden Führen

Wie interne Kundenorientierung
Leistung und Motivation fördert

Andreas von Schubert

WAYKÜLL VERLAG

Bibliographische Imformation der Deutschen Nationalbibliothek
Die Deutsche Nationalbibliothek verzeichnet diese Publikation in der Deutschen Nationalbibliographie; detaillierte bibliographische Daten sind im Internet über ‹http://dnb.dnb.de› abrufbar.

Die Wiedergabe von Gebrauchsnamen, Handelsnamen, Warenbezeichnungen usw. in diesem Werk berechtigt auch ohne besondere Kennzeichnung nicht zu der Annahme, dass solche Namen im Sinne der Warenzeichen- und Markenschutz-Gesetzgebung als frei zu betrachten wären und daher von jedermann benutzt werden dürften.

Bei der Zusammenstellung von Texten und Abbildungen wurde mit größter Sorgfalt vorgegangen. Trotzdem können Fehler nicht ausgeschlossen werden. Verlag und Autor können für fehlerhafte Angaben und deren Folgen weder eine juristische Verantwortung noch irgendeine Haftung übernehmen. Für Verbesserungsvorschläge und Hinweise auf Fehler sind Verlag und Autor dankbar.

Das Werk einschließlich aller seiner Teile ist urheberrechtlich geschützt. Jede Verwertung außerhalb der engen Grenzen des Urheberrechtsgesetzes ist ohne Zustimmung des Verlags unzulässig und strafbar. Das gilt insbesondere für Vervielfältigungen, Übersetzungen, Mikroverfilmungen und die Einspeicherung und Verarbeitung in elektronischen Systemen.

© 2014 Wayküll UG (haftungsbeschränkt), Lübeck
Alle Rechte vorbehalten
www.waykuell.com

Umschlag und Gestaltungskonzept: Matthias Hauer, München
Druck: Clausen & Bosse, Leck

ISBN 978-3-944499-04-8

Inhalt

Einleitung   9

Teil 1
Warum sich Menschen zur Mitarbeit entscheiden

1   Persönliche Ziele: wichtiger als Unternehmensziele   15

2   »Was sich lohnt«: das wichtigste Verhaltenskriterium   19
   2.1   Rationalität trotz ständiger Konflikte im Unternehmen?   19
   2.2   Der Nutzen des Nutzenprinzips   22
   2.3   Opportunistischer Eigennutz: warum auch nicht?   30

3   Was motiviert – und was nicht   35
   3.1   Wie aus Motiven nutzbare Motivation wird   35
   3.2   Motivation, nicht Manipulation und Zwang   54
   3.3   Gute Egoisten? Motivation, Macht und Verantwortung   59

Teil 2
Warum hierarchische Führung an Grenzen stößt

4   Auch Personalführung muss sich lohnen   67

5 Ziel und Nutzen der klassischen Führungstheorien   69
   5.1 Die grundlegenden Führungsaufgaben ermitteln   72
   5.2 Das eigene Führungsverhalten überprüfen   74
   5.3 Die Fähigkeiten der Mitarbeiter erkennen   78
   5.4 Das richtige Maß finden   83
   5.5 Die Mitarbeiter als Gruppe führen   90
   5.6 Unternehmerische Veränderungen umsetzen   95

6 Warum es auch bei bester Führung zu Konflikten kommt   99

Teil 3
Wie interne Kundenorientierung hierarchische Führung ersetzt

7 Die Idee der internen Kundenorientierung   105
   7.1 Selbststeuerung statt hierarchischer Führung   108
   7.2 Verlässlichkeit statt »nur« Vertrauen   111
   7.3 Ergebnisse messen   119

8 Zur Umsetzung von interner Kundenorientierung   137
   8.1 Interne Kunden ermitteln   139
   8.2 Interessen erkennen   143
   8.3 Ungeplante Prozesse eliminieren   148
   8.4 Egoismen nutzen   162
   8.5 Den übernächsten Kunden zufrieden stellen   170
   8.6 Kosten optimieren   173

9 Praxis-Erfahrungen mit interner Kundenorientierung   183
   9.1 Tochtergesellschaft mit großem Holzhammer   183
   9.2 Der Linienbus macht Pause   192
   9.3 »Aber erzählen Sie das nicht der Zentrale!«   197
   9.4 Der Info-Point   203

Anhang

Anmerkungen 209
Verzeichnis der Abbildungen 213
Verzeichnis der Fallbeispiele 215
Bibliographisches Verzeichnis 217

Einleitung

Angesichts des immer intensiveren und schnelleren Wettbewerbs kommt es zunehmend darauf an, die rein hierarchisch orientierte Steuerung von Unternehmen um flexiblere Organisationsformen zu ergänzen, die sich schneller an veränderte Wettbewerbsbedingungen und Kundenanforderungen anpassen können. Das Konzept der internen Kundenorientierung ist dafür besonders gut geeignet, weil sich eine so gestaltete Organisation selbst steuert und dabei zugleich das Wichtigste überhaupt in den Mittelpunkt stellt: die Zufriedenheit der Kunden.

Die Idee der internen Kundenorientierung ist, die gleichen Mechanismen, die das Unternehmen bei seinen Kunden erfolgreich macht, auf die interne Organisation zu übertragen. In diesem Sinne bedeutet interne Kundenorientierung, den Kundenwunsch nicht nur durch das Unternehmen zu tragen, sondern alle Mitarbeiter als interne Kunden zueinander zu betrachten, und dafür zu sorgen, dass jeder dieser internen Kunden seine eigenen Ziele erreicht. Voraussetzung und zugleich Ergebnis ist, dass nicht Vorgesetzte, sondern »Kunden Führen«.

Das Besondere an dem Konzept der internen Kundenorientierung ist, dass die Mitarbeiter als interne Kunden zueinander ihre jeweiligen Ziele nicht *gegen* die Interessen des Unternehmens umsetzen können, sondern nur indem sie sich für die Zielerreichung ihrer Kollegen und damit des Unternehmens insgesamt einsetzen. Weil sich interne Kundenorientierung damit für jeden Mitarbeiter ebenso wie für das Unternehmen als solches lohnt, ist es für alle Beteiligten attraktiv, sich aktiv und leistungsbereit um die Realisierung der Ziele ihrer Kollegen entlang der unternehmerischen Wertschöpfungskette zu bemühen. Die hohe Wettbewerbsdynamik ist damit selbst für Unternehmen mit lang etablierten, festen Strukturen keine Bedrohung mehr. Schließlich hat ja jeder Mitarbeiter etwas davon mitzumachen und sich für das Unternehmen einzusetzen.

Das Buch besteht aus drei aufeinander aufbauenden, aber dennoch unabhängigen Teilen. Zunächst stehen die Mitarbeiter und ihre Interessen im Mittelpunkt. Denn der erste Teil geht der Frage nach, wann und unter welchen Umständen Mitarbeiter bereit sind, sich im Unternehmen wirklich zu engagieren. Weil echter Einsatz Freiwilligkeit voraussetzt, kommt es darauf an, Bedingungen zu schaffen, die einerseits attraktiv für die Mitarbeiter sind und andererseits selbstverständlich auch immer das Unternehmensinteresse wahren.

Der zweite Teil gibt einen umfassenden Überblick über aktuelle Führungsmethoden und Führungsstile. Interessanterweise beschäftigen sich die meisten Führungsmethoden mit hierarchischer Führung von »oben« nach »unten«. Sie nehmen also implizit an, dass es Aufgabe der Führungskräfte ist, ihren Mitarbeitern zu sagen, was sie tun sollen. Bedenkt man jedoch, dass Unternehmen vor allem dann erfolgreich sind, wenn Mitarbeiter abteilungsübergreifend im Kollegenkreis möglichst unbürokratisch zusammenarbeiten, dann ist anweisende Führung sicherlich nicht optimal.

Teil 3 des Buches nimmt den Zielkonflikt aus einerseits notwendiger Freiwilligkeit jedes Mitarbeiters und andererseits vorwiegend hierarchisch-direktiver Führung auf und entwickelt das Konzept der internen Kundenorientierung als Managementmethode zur Etablierung einer effizienten Unternehmensorganisation mit (trotzdem) motivierten und leistungsbereiten Mitarbeitern.

Weil es auch bei interner Kundenorientierung auf die Umsetzung ankommt, werden sowohl die zur Einführung notwendigen Werkzeuge als auch die Kriterien zur Messung des Erfolgs von interner Kundenorientierung ausführlich und anhand vieler Praxisbeispiele beschrieben.

Ob interne Kundenorientierung auch das Unternehmen als solches erfolgreicher macht, kann natürlich nur vermutet werden. Aber wahrscheinlich ist es schon. Denn wenn in so einem Unternehmen jemand an eine Bürotür klopft, dann ist es nicht mehr der Kollege, der schon wieder stört, sondern der Kunde, der eine Frage hat.

Teil 1
Warum sich Menschen zur Mitarbeit entscheiden

1
Persönliche Ziele: wichtiger als Unternehmensziele

Kein angestellter Mitarbeiter in einem Unternehmen interessiert sich für die Ziele des Unternehmens, zumindest nicht in erster Linie. Im Vordergrund des Interesses stehen immer zuerst die ganz persönlichen, individuellen Ziele. Das ist durchaus nachvollziehbar, denn die persönlichen Ziele sind der Grund, warum man sich überhaupt in einem Unternehmen um eine Anstellung bewirbt.

Natürlich sind die persönlichen Ziele bei verschiedenen Personen höchst unterschiedlich. Während die einen nach einer Tätigkeit suchen, die einen schnellen Aufstieg in der Unternehmenshierarchie ermöglichen soll und in der sie möglichst viel Geld verdienen können, streben andere einen Beruf an, der persönliche Sicherheit und Stabilität in Aussicht stellt. Ein geringeres Gehalt und schlechtere Aufstiegschancen werden sie dabei akzeptieren, da die Karriere für sie ja nicht an erster Stelle auf ihrer persönlichen Prioritätenliste steht. Wieder andere Menschen streben weder nach Karriere, noch ist für sie die dauerhafte Sicherheit des Arbeitsplatzes von zentraler Bedeutung. Für sie zählt vielmehr ein gutes Arbeitsklima und ein ausgeglichenes Arbeitsverhältnis im Kollegenkreis.

Dies sind nur einige allgemeine Beispiele, um zu verdeutlichen wie unterschiedlich die Berufswünsche von Menschen sein können und wie vielfältig die Gründe für die Entscheidung zur Mitarbeit in einem Unternehmen sind. Der für das Unternehmen entscheidende Punkt ist, dass all diese persönlichen Ziele von Menschen, die sich für die Mitarbeit in einem Unternehmen interessieren, bereits fest stehen noch bevor sie eine Tätigkeit in dem Unternehmen überhaupt aufgenommen haben. Hinzu kommt, dass sie jedes dieser Ziele in beliebig vielen verschiedenen Unternehmen realisieren können. Aufstieg in der Hierarchie? Sicherer Arbeitsplatz? Netter Kollegenkreis? Keines dieser Ziele ist an ein bestimmtes Unternehmen gekoppelt.

Sobald die Bewerber um eine Anstellung in einem Unternehmen jedoch den Arbeitsvertrag mit diesem Unternehmen unterschrieben und ihre neue Tätigkeit angetreten haben, können sie nur noch hoffen, dass sie ihre Ziele und Wünsche auch tatsächlich realisieren können. Denn ab dem ersten Arbeitstag im neuen Unternehmen spielen ihre persönlichen Wünsche oftmals kaum noch eine nennenswerte Rolle. Von ihren Vorgesetzten bekommen sie Zielvorgaben, die noch nicht einmal diskutiert werden können, weil sie sich mit mathematischer Genauigkeit aus dessen Zielvorgaben ableiten. Diese Ziele müssen sie mindestens erfüllen, am besten jedoch – und das ist in den meisten Unternehmen eine unausgesprochene, aber konkrete Erwartung – übertreffen. Warum? Weil es wichtig ist – für das Unternehmen.

Es interessiert aber keinen Mitarbeiter, ob etwas wichtig für das Unternehmen ist. Die einzige Frage, die sie sich stellen ist, ob ihnen das bei der Realisierung ihrer ganz persönlichen und individuell höchst unterschiedlichen Ziele dienlich ist. Wenn ja, dann werden sie sich aktiv, selbständig, und mit all ihren Fähigkeiten im Unternehmen engagieren. Wenn nein, dann werden sie die Aufgaben zwar natürlich auch abarbeiten, aber eben nur *abarbeiten*; weil es halt sein muss. Das Ergebnis dieser Abarbeitung der vorgegebenen Aufgaben wird selbstverständlich gut sein, guter Durchschnitt. Mehr aber eben auch nicht.

Für das Unternehmen ist das hochproblematisch. Denn mit durchschnittlichen Ergebnissen kann es sich nicht von seinen Wettbewerbern differenzieren – weder heute, noch in absehbarer Zukunft. Und es wird niemals herausfinden, ob nicht eventuell doch mehr möglich gewesen wäre; ob die Mitarbeiter nicht doch mehr hätten leisten können, mit besseren Ergebnissen oder auch nur kreativeren Lösungen. Schließlich haben die Mitarbeiter ja die ihnen gestellten Aufgaben erledigt. Dass sie dies nur widerwillig und ohne Elan getan haben, erfährt das Unternehmen, beziehungsweise der Vorgesetzte als Vertreter des Unternehmens nicht.

Wenn Mitarbeiter dann nach wenigen Jahren den Job und damit auch gleich den Arbeitgeber wechseln, weil sie keine Möglichkeit mehr sehen, in der aktuellen Tätigkeit ihre persönlichen Wünsche zu realisieren, dann heißt es oft, dass man Wandernde nicht aufhalten und Ziehende gehen lassen soll; und solange die Fluktuationsrate einigermaßen konstant bleibt, besteht ja auch kein Handlungsbedarf – heißt es dann.

Diese für viele Unternehmen vermutlich nicht ganz unrealistische Situationsbeschreibung ist aber nicht ausschließlich negativ. Sie hat durchaus auch positive Seiten, zumindest für solche Unternehmen, die erkannt haben, dass nur die individuellen, persönlichen Ziele der Mitarbeiter die eigentlich treibende Kraft hinter hoher Leistungsbereitschaft und überdurchschnittlichem Engagement sind, und dass die Ziele des Unternehmens aus Sicht der Mitarbeiter immer erst in zweiter Linie wichtig sind. Unternehmen, die das verstanden haben, realisieren ihre Ziele besser als es ihren Konkurrenten gelingt und haben dadurch auch zufriedenere Kunden. So paradox es klingt: sie realisieren ihre unternehmerischen Ziele besser, weil sie sie den Zielen und Wünschen ihrer Mitarbeiter unterordnen.

Dies ist kein Plädoyer für »Country Club Management«, das den Mitarbeitern alle Wünsche von den Augen abliest und die legitimen Ansprüche des Unternehmens an seine Mitarbeiter ignoriert. Im Gegenteil, es ist die Erkenntnis, dass es sich Unternehmen, die einem zunehmend dynamischen und harten Wettbewerb ausgesetzt sind, nicht mehr leisten können, mit nur mäßig motivierten Mitarbeitern zu arbeiten.

Das gilt umso mehr, als sich viele Mitarbeiter auf dem Arbeitsmarkt mittlerweile genauso frei und ungezwungen bewegen wie ihre Arbeitgeber auf den Produkt- und Dienstleistungsmärkten. Gerade die qualifiziertesten und flexibelsten Mitarbeiter sind häufig wahre

»Portfolio-Virtuosen«[1], die im Sinne von »pimp my Lebenslauf« von Job zu Job wandern und ihre Ziele mit höchster Priorität zur Not auch gegen die legitimen Interessen ihrer Arbeitgeber umsetzen – opportunistisch und eigennützig.

Weil das Unternehmen und seine Mitarbeiter oft unterschiedliche und teils sogar entgegengesetzte Interessen verfolgen, ist es umso wichtiger, dass das Unternehmen den persönlichen Zielen seiner Mitarbeiter hohe Priorität einräumt. Es gibt ihnen damit einen Grund, sich im Unternehmen zu engagieren und ihrerseits den Anforderungen des Unternehmens gerecht zu werden. Das wiederum ist eine wichtige Voraussetzung für die Nachhaltigkeit des unternehmerischen Erfolgs.

In einer innerbetrieblichen Kooperationsbeziehung lohnt es sich also, die Ziele des jeweils anderen mit höherer Priorität zu verfolgen als die eigenen. Das zu tun und sich so zu verhalten, ist der legitime Anspruch des Unternehmens an seine Mitarbeiter, gilt aber auch anders herum.

2
»Was sich lohnt«: das wichtigste Verhaltenskriterium

Die ökonomische Verhaltenstheorie geht davon aus, dass Menschen sich eingeschränkt rational eigennutzmaximierend verhalten; eingeschränkt rational und nicht vollständig rational, weil sie nie alle Informationen zur Verfügung haben, die sie bräuchten, um perfekte Entscheidungen treffen zu können. Für die betriebliche Praxis hat die Annahme rationalen Verhaltens weitreichende Konsequenzen. Denn wer kennt nicht das alltägliche Kopfschütteln über Kollegen, die »schon wieder« etwas gemacht haben, »was doch einfach nicht wahr sein kann« – wobei die Formulierungen oft erheblich prägnanter sind.

Wenn man jedoch annimmt, dass sich alle Menschen im Unternehmen rational verhalten, dann kann man sich nicht mehr über diese Kollegen ärgern. Denn wenn deren Verhalten unverständlich ist, dann kann das ja nur an fehlenden Hintergrundinformationen liegen. Und die verbleibende Frage ist nur noch, ob den betreffenden Kollegen notwendige Informationen fehlten, um eine gute und sinnvolle Entscheidung zu treffen, oder ob einem selbst wichtige Kenntnisse fehlen, um deren Verhaltensweise verstehen zu können.

2.1 Rationalität trotz ständiger Konflikte im Unternehmen?

In Sinne einer konstruktiven Zusammenarbeit im Unternehmen ist es eine gute Idee, stets von rationalem Verhalten aller Beteiligten auszugehen. Rationalität bedeutet aber nicht, »dass das Individuum in jedem

Augenblick optimal handelt, dass es also gleichsam wie ein wandelnder Computer durch die Welt schreitet, der immer die beste aller vorhandenen Möglichkeiten blitzschnell ermittelt. [...] Rationalität bedeutet in diesem Modell lediglich, dass das Individuum, wenn es seinen Intentionen folgt, prinzipiell in der Lage ist, gemäß seinem relativen Vorteil zu handeln, d.h. seinen Handlungsraum abzuschätzen und zu bewerten, um dann entsprechend zu handeln.«[2]

Hinter diesem Rationalitätsbegriff steht die aus ökonomischer Sichtweise geleitete Annahme, dass Individuen mit ihrem Handeln immer einen für sich selbst erwünschten und durch ihr zielgerichtetes Handeln erwartbaren persönlichen Nutzen realisieren wollen. Der angestrebte Nutzen entstammt dabei aus einem über einen gewissen Zeitraum stabilen Katalog bestimmter Ziele und Wünsche (Präferenzen), deren Realisierbarkeit allerdings durch widrige Umstände (Restriktionen) geschmälert wird.

Der Vorteil dieser ökonomischen Sichtweise auf das menschliche Verhalten ist, dass auf diese Weise nahezu jedes Verhalten erklärt werden kann. Es kann sogar prognostiziert werden, sofern man sowohl die individuellen Ziele als auch die diesen entgegenwirkenden äußeren Umstände kennt.

Das Verhalten seiner Mitarbeiter einschätzen und prognostizieren zu können, ist für ein Unternehmen natürlich hochinteressant. Denn mit dem Verhalten der Mitarbeiter wird damit ein großer Teil der für den Unternehmenserfolg entscheidenden Einflussfaktoren und Stellgrößen prognostizierbar. Vor allem aber können Führungskräfte das Verhalten ihrer Mitarbeiter im Sinne des Unternehmens beeinflussen, wenn die Annahme stimmt, dass Menschen einen mehr oder weniger klar gegliederten Katalog von Wünschen und Zielen haben, der ihre Handlungen bestimmt.

Es gibt jedoch auch Kritik an der Annahme eines unmittelbaren und zwangsläufigen Zusammenhangs zwischen bestimmten Verhaltensintentionen und dem anschließenden tatsächlichen Verhalten. Denn unter dieser Annahme ist prinzipiell jedes Verhalten rational erklärbar und die ökonomische Verhaltenstheorie damit ohne nennenswerten Erkenntnismehrwert der Beliebigkeit ausgesetzt, wie folgende Beispiele zeigen: Das Streben nach Wohlstand? Nur eine Funktion von beruflichen Zielen und begünstigenden Rahmenbedingungen. Enge Zusammenarbeit mit Kollegen? Lediglich Resultat einer Präferenz für Gruppenmitgliedschaft. Ethisch einwandfreies Verhalten bis hin zu Whistle-blowing oder aber das Gegenteil: unethischer Ökonomismus? Jede dieser Entscheidungen ist ebenso rational begründbar wie ihr Gegenteil. Es kommt nur auf den individuellen Katalog von Präferenzen an sowie auf die äußeren Restriktionen.

Letztlich stellt die Rationalitätsannahme nichts weiter fest, als dass »menschliches Handeln zweckgerichtet oder absichtsgeleitet ist, und dass es im Lichte der Präferenzen [...], auf denen die Entscheidung des Handelnden beruht, Sinn macht, verständlich ist. Wie exzentrisch auch immer die Präferenzen [...] eines Handelnden sein mögen, solange sein Handeln mit ihnen logisch konsistent ist, ist es [...] als rational anzusehen«[3]. Damit sind selbst Konflikte zwischen Personen rational erklärbar. Denn wenn der Grund für den Konflikt unterschiedliche Informationen sind, dann handelt jeder der beiden Kontrahenten selbst während des Konfliktes noch rational, weil er mangels notwendiger Hintergrundinformationen die Verhaltensweise seines Gegenübers ja gar nicht verstehen kann; oder aber weil er die Informationen zwar ebenfalls hat, aber anders interpretiert.

Wenn Rationalität jedoch nur eine Frage der Verfügbarkeit von Informationen ist und selbst Konflikte als Ergebnis unvollständiger Informationen rational erklärt werden können, dann hat der Begriff der Rationalität zur Erläuterung und zum Verständnis des Verhaltens von Menschen im Unternehmen eigentlich keine Bedeutung mehr. Schließlich ist jedes Verhalten rational. Dennoch ist der Rationalitätsbegriff in der Unternehmenspraxis von höchster Wichtigkeit, denn wenn jedes Verhalten im Unternehmen rational erklärbar ist, sofern man die Ziele des Handelnden kennt, dann besteht kein Grund mehr, Konflikte mit Kollegen, Vorgesetzten oder sogar untergebenen Mitarbeitern *emotional* auszutragen. In solchen Konfliktsituationen sollten die Beteiligten vielmehr einen Schritt zurück treten und nach rational erklärbaren Gründen für das Verhalten ihres Kontrahenten suchen. Sie werden mit Sicherheit fündig und können destruktive Emotionalität in proaktive und kooperative Zielorientierung übertragen. Konflikte sind damit zwar nicht ausgeschlossen, werden aber mit mehr unternehmerischem Verständnis geführt.

2.2 Der Nutzen des Nutzenprinzips

Da jedes privatwirtschaftliche Unternehmen nach ökonomischen Grundprinzipien organisiert ist, muss der unternehmerische Nutzen stets die Grundlage allen menschlichen Handelns und aller sozialer Interaktion im Unternehmen sein. Und da sich Menschen einzig auf Grund bestimmter persönlicher Nutzenüberlegungen für die Mitarbeit in einem Unternehmen entscheiden, haben auch sie ein Interesse an der Etablierung des Prinzips der Nutzenmaximierung als gemeinsames Handlungsmuster aller Akteure im Unternehmen. Wie lassen sich dann aber die latenten und oftmals auch offen ausgetragenen Konflikte zwischen Kollegen und ganzen Abteilungen im Unternehmen erklären? Sie mögen rational begründbar sein, nutzenstiftend sind sie jedoch meistens nicht.

Ein Kernelement der ökonomischen Verhaltenstheorie ist die Annahme einer *unabhängigen* Nutzenfunktion; die Annahme also, dass Menschen ihren eigenen Nutzen unabhängig vom daraus entstehenden Nutzen oder auch Schaden für Andere verfolgen. Sollte der eigene Nutzen anderen Menschen zum Schaden gereichen, dann ist das zwar nicht intendiert, wird aber gegebenenfalls billigend in Kauf genommen. Nach der ökonomischen Verhaltenstheorie kann aber selbst das nicht zum Problem werden, da alle Menschen zur gleichen Zeit daran arbeiten, ihren persönlichen Nutzen zu realisieren, und auch nur solange im Unternehmen mitarbeiten, wie ihre persönliche Zielerreichung (= Nutzenmaximierung) gewährleistet ist. Dabei akzeptieren sie, dass ihr eigener Nutzen nicht immer sofort realisierbar ist. Aber zumindest wollen und müssen sie in der Lage sein, die Erreichbarkeit ihres persönlichen Vorteils in einem annehmbaren Zeitraum und mit hinreichender Sicherheit prognostizieren zu können.

Bei strenger Auslegung dieser Denkrichtung dürften Konflikte zwischen Kollegen allenfalls temporär auftreten, müssten aber innerhalb einer überschaubaren Zeitspanne aufgelöst sein. Denn andernfalls würde doch der unterlegene Kontrahent das Feld räumen, da er sich mit seinen eigenen Zielen nicht durchsetzen konnte. Die Erfahrung zeigt aber, dass das nicht der Fall ist. Und die Erklärung, dass der Verlierer eines innerbetrieblichen Konfliktes es halt so lange versucht, bis er sich doch irgendwann durchsetzen konnte, ist nicht stichhaltig, wie Hirschmans »Exit-and-Voice«-Modell zeigt: Hirschman hat untersucht, unter welchen Bedingungen Menschen, die eine Änderung einer für sie nachteiligen Unternehmenssituation wünschen, ihre Stimme erheben, um diese Änderungen herbeizuführen (Voice), oder aber andernfalls abzuwandern und ein neues Betätigungsfeld in einer anderen Organisation suchen (Exit).[4] Letzteres ist insbesondere dann zu erwarten, wenn eine kleine Gruppe von besonders einflussreichen Personen ihre Machtstellung im Unternehmen nutzt, um ihre Ziele selbst dann durchzusetzen, wenn dies zum (dauerhaften) Schaden anderer Organisationsteilnehmer und vielleicht sogar der Organisation als solcher wäre. Hierzu stellt Hirschman fest: »Sofern Abwanderung unter diesen Umständen überhaupt möglich ist, könnte es die Waffe werden, die typischerweise von der ›stillen Mehrheit‹ genutzt wird. [...] Abwanderung könnte sogar die einzige Möglichkeit der Verteidigung der Machtlosen nicht nur gegen Verschlechterungen sein, sondern sogar noch grundsätzlicher gegen jegliche, von den durchsetzungsfähigeren Personen initiierten Veränderungen, die nicht in ihrem Interesse sind.«[5]

Es ist also durchaus problematisch, die soziale Interaktion einzig unter dem Primat einer alles überlagernden Nutzenfunktion zu betrachten. In Hirschmans Beispiel, in dem sich eine kleine Gruppe von machtvollen Mitarbeitern (beispielsweise höheren Führungskräften) ihren Vorteil zu Lasten einer größeren Gruppe weniger privilegierter Personen sichert, ist deren Verhalten nicht alleine durch das Nutzenprinzip erklärbar. Denn in arbeitsteiligen Organisationen wäre die in diesem Beispiel offensichtliche Ausübung von Macht gegenüber der »silent majority« aus Nutzenüberlegungen nicht logisch. Erstens würde Machtausübung unter Inkaufnahme des Schadens Anderer langfristig auch den eigenen Nutzen unterminieren, weil Menschen sich aus der Kooperationsbeziehung entweder vollständig entfernen und das Unternehmen wechseln, wie Hirschman ausführt, oder zumindest innerlich kündigen. Und zweitens ist zur Ausübung von Macht per definitionem generell ein Verzicht auf subjektive Nutzenmaximierung notwendig, da Machtausübung den Einsatz von Ressourcen erfordert, die der Realisierung des persönlichen Nutzens dann nicht mehr zur Verfügung stehen. Und Macht ist ja an sich noch kein Zweck, es ist allenfalls ein strategisch einsetzbares Mittel zum Zweck und damit zunächst ressourcenkonsumierend.

Das Denkmodell des homo oeconomicus, der nach der ökonomischen Verhaltenstheorie so rational wie möglich versucht, seinen persönlichen Nutzen zu maximieren, steht damit nicht nur auf Grund der Beliebigkeit des Rationalitätsbegriffs in der Kritik, sondern auch auf Grund des Versuchs, menschliche Interaktion in Organisationen allein mit eigennützigen Kalkülen der beteiligten Personen zu erklären und andere Verhaltensmaßstäbe außer acht zu lassen. Denn oftmals steht gar nicht der persönliche Nutzen oder vielleicht noch die Machtfülle des Handelnden im Vordergrund. Das Interesse könnte ganz anderen Überlegungen gelten: beispielsweise der Herstellung von sozialem Konsens und der Etablierung einer solidarischen Gemeinschaft im Unternehmen; oder auch der persönlichen Integrität der Handelnden und der Berücksichtigung ethischer Standards.[6]

Das Nutzenprinzip ist also keineswegs die einzig denkbare Handlungslogik. Solidaritäts- und Integritätsüberlegungen können gleichermaßen Antriebsfeder menschlichen Verhaltens in Organisationen sein.

Das alles überlagernde Primat der individuellen Nutzenmaximierung, wie es die ökonomische Verhaltenstheorie vorsieht, scheint also der Realität sozialer Interaktion zwischen den Menschen in Organisationen nicht gerecht zu werden; noch nicht einmal in privatwirtschaftlichen Unternehmen, in denen die aufeinander abgestimmten Handlungen der Organisationsmitglieder einzig der Maximierung des Nutzens der Organisation und ihrer Mitglieder dienen.

Auch in arbeitsteiligen Organisationen kann man sich nicht nur auf das Verhalten und die Intentionen Einzelner konzentrieren, sondern muss stets das Ergebnis ihrer Handlungen in Kooperationsbeziehungen mit anderen Personen berücksichtigen. Dabei zeigt sich, dass rein individuelle Nutzenüberlegungen nicht zum Erfolg führen können, weil die Akteure letztlich doch zusammen arbeiten müssen und deshalb darauf angewiesen sind, sich untereinander abzustimmen. Diese Abstimmung kann aber nur erfolgreich sein, wenn jeder Beteiligte seine eigenen Interessen bis zu einem gewissen Grad zurück stellt, und zwar nicht nur temporär, sondern durchaus auch dauerhaft, wie folgendes Fallbeispiel zeigt.

Fallbeispiel 1: Arrows Unmöglichkeitstheorem
»A, B, C sind drei Alternativen, und 1, 2, 3 sind drei Individuen. Angenommen Individuum 1 präferiert A gegenüber B, und B gegenüber C (und damit A gegenüber C); Individuum 2 präferiert B gegenüber C, und C gegenüber A (und damit B gegenüber A); und Individuum 3 präferiert C gegenüber A, und A gegenüber B (und damit C gegenüber B). Dann präferiert eine Mehrheit A gegenüber B, und zugleich präferiert eine Mehrheit B gegenüber C. Man kann also feststellen, dass alle drei Individuen zusammen als Gemeinschaft A gegenüber B, und B gegenüber C präferieren. Wenn das Verhalten der Gemeinschaft als rational angenommen werden soll, dann muss man zu dem Schluss kommen, dass A gegenüber C präferiert wird. Aber tatsächlich präferiert eine Mehrheit in der Gemeinschaft C gegenüber A.«[7]

Wenn jeder der drei Beteiligten ausschließlich seinen jeweiligen Präferenzen folgt, seinen ganz persönlichen Nutzenüberlegungen also, dann würde:

- Individuum 1 auf Alternative A bestehen,
- Individuum 2 auf Alternative B, und
- Individuum 3 auf Alternative C.

Die Gemeinschaft als solche kommt dann allerdings nie zu einem gemeinsamen Ergebnis. In einer Mehrheitsentscheidung würden sie sich gemeinsam für Alternative A entscheiden, weil zwei der drei Individuen Alternative A gegenüber B vorziehen (Individuum 1 und 3) und ebenfalls zwei Individuen Alternative B gegenüber C präferieren (Individuum 1 und 2). Dazu kann es aber nur kommen, wenn eine Mehrheit der Individuen ihre Präferenzen aufgibt. Individuum 2 müsste sich darauf einlassen, Alternative A gegenüber B vorzuziehen, und Individuum 3 müsste entgegen seiner Präferenzen Alternative B gegenüber C akzeptieren. Zwei der drei Individuen und damit die Mehrheit der Beteiligten müsste im Interesse der Gemeinschaft nachgeben.

Alle Akteure sind zur Umsetzung ihrer jeweiligen Interessen darauf angewiesen, sich mit ihren Gesprächspartnern zu einigen. Eigennutzmaximierung gegen die anderen Akteure funktioniert also nicht. Andererseits ist die Vorstellung, dass eine Einigung nur unter Vernachlässigung der eigenen Ziele möglich ist, auch nicht attraktiv, noch dazu, wenn es die Mehrheit der Akteure betrifft. Nicht umsonst wird diese Konstellation als Unmöglichkeitstheorem bezeichnet.

Fallbeispiel 1 zeigt, dass selbst reine Nutzenmaximierer zur Durchsetzung ihres eigenen Nutzens auf andere, kooperativere Verhaltensweisen zurückgreifen müssen. Damit ist offensichtlich, dass individuelles Verhalten auch in privatwirtschaftlichen Unternehmen nicht nur von individueller Nutzenmaximierung bestimmt werden kann, sondern dass auch Gemeinschaftshandeln mit dem Wunsch nach Solidarität und sozialem Konsens sowie das dem Nutzenprinzip diametral entgegenstehende Integritätsprinzip mit ethischen Standards eine wesentliche Rolle spielen müssen. Und dennoch ist die Realisierung der eigennützigen Motive einziger Zweck der Mitarbeit im Unternehmen. Dieser Widerspruch muss aufgelöst werden, weil viele Konflikte aus genau diesem Missverständnis resultieren. Einerseits wird von den Mitarbeitern erwartet, dass sie sich für die Interessen des Unternehmens engagieren, andererseits sind ihnen ihre persönlichen Ziele naturgemäß wichtiger. Bedenkt man weiterhin, dass nach Arrows Unmöglichkeitstheorem nicht beides gleichzeitig realisierbar ist, und dass darüber hinaus jeder Akteur seine persönlichen Interessen ganz bewusst vernachlässigen müsste, um zu einem Konsens mit den Kollegen zu kommen, dann werden viele Abstimmungsprobleme in den Unternehmen plötzlich nicht nur erklärbar; sie sind sogar unausweichlich.

Zur Auflösung dieser Konflikte müssen die Abhängigkeiten zwischen den unterschiedlichen Handlungsprinzipien beachtet werden. Jeder Mitarbeiter in einem Unternehmen macht seine Mitarbeit davon abhängig, ob er durch seinen Einsatz seine persönlichen Wünsche realisieren kann; worin auch immer diese Wünsche bestehen: sei es Karriereaufstieg und viel Geld, ein angenehmes Betriebsklima oder ethisch einwandfreies Handeln. Dafür wird er alle ihm zur Verfügung stehenden Ressourcen einsetzen, und zwar unabhängig von den Interessen seiner Kollegen. Natürlich ist hierfür normalerweise auch sozialer Konsens und solidarisch-gemeinschaftliches Handeln sowie ein gewisses Maß an Integrität notwendig, aber letztlich ist es eigennutzorientiertes Handeln in Reinstform.

Im privatwirtschaftlichen Kontext steht das Nutzenprinzip also über den Prinzipien von Solidarität und Integrität. Dieses Primat des Nutzenprinzips ist gerechtfertigt, weil ausschließlich eigennützige Motive ursächlich für die Entscheidung eines Menschen zur Mitarbeit im Unternehmen sind. Mit möglichst geringen persönlichen Opportunitätskosten soll die Mitarbeit im Unternehmen einen möglichst großen persönlichen Nutzen hervorbringen. Und die Entscheidung zur Mitarbeit in dem *einen* Unternehmen und nicht in einem der vielen anderen Unternehmen beruht allein auf der Überlegung, die eigenen Ziele in diesem Unternehmen mit vermutlich geringerem Aufwand erreichen zu können als in den anderen. Letztlich ist also ausschließlich das Nutzenprinzip handlungsleitend bei der Entscheidung für die Mitarbeit in einem Unternehmen. Solidarität und Integrität sind ausschließlich Mittel zum Zweck der Realisierung persönlicher Ziele, aber nicht Selbstzweck.

Das nutzengeleitete Kalkül geht dabei folgendermaßen: Brauche ich andere Menschen, um meine Ziele zu realisieren? Wenn nein, dann tue ich nur, was mir nützt, unabhängig davon, was andere davon halten. Dieses Kalkül ist typisch für Mitarbeiter, die in beruflichen Stationen jeweils nur ein bis zwei Jahre bleiben und parallel dazu bereits den nächsten Karriereschritt vorbereiten. Auch diese Menschen brauchen selbstverständlich die Kooperation anderer, aber sie finden immer Mittel und Wege, deren Unterstützung beispielsweise mit Hilfe von Versprechungen zu erhalten, wohl wissend, dass sie auf Grund ihrer kurzen Verweildauer mit großer Wahrscheinlichkeit die Versprechen nicht mehr werden einlösen müssen. Typisch hierfür sind mittlere Führungskräfte, die ihren Mitarbeitern im Gegenzug für überdurchschnittlichen Einsatz eine attraktive Karriereentwicklung versprechen, dann aber »vergessen«, dieses Versprechen ihrem Nachfolger mit auf den Weg zu geben, der sich dann prompt nicht daran gebunden fühlt.

Interessant ist nun, inwieweit das Solidaritäts- und das Integritätsprinzip bei der Realisierung des eigenen Nutzens helfen können. Denn sowohl bei solidarischem als auch bei integrem Verhalten steht nicht das ICH, sondern das DU im Vordergrund. Und damit ist die Gefahr groß, dass bei dieser Art der Interaktion mit anderen die eigenen Ziele aus dem Blickfeld geraten.

Zunächst zum Anspruch, trotz eigennütziger Motive solidarisch mit anderen Personen zu sein: Für das Unternehmen mit seiner arbeitsteiligen Organisationsstruktur ist Solidarität unter Kollegen und das daraus ableitbare gemeinschaftliche Handeln unbedingt notwendig. Für den einzelnen Mitarbeiter hat es aber bei weitem nicht den gleichen

Stellenwert. Solidarität mit Kollegen ist für den einzelnen Mitarbeiter nur vorstellbar, wenn es ihm persönlich nützt. Die Nützlichkeit von solidarischem, gemeinschaftlichem Handeln ist für die betreffende Person aber keineswegs so selbstverständlich wie für das Unternehmen. Das zeigt auch das zuvor genannte Beispiel der Führungskräfte, die während ihres Aufstiegs jeweils nur kurz in den verschiedenen Stationen verweilen. Solidarisch-gemeinschaftliches Handeln ist aus Mitarbeitersicht also nicht unbedingt Selbstzweck. Das muss es jedoch auch nicht sein. Es ist vollkommen ausreichend, wenn das Solidaritätsprinzip dem Nutzenprinzip untergeordnet ist und gemeinschaftliches Handeln »nur« eigennützigen Zielen dient. Wichtig ist einzig, dass Solidarität mit anderen Personen im Unternehmen und gemeinschaftliches Handeln dieser Personen *überhaupt* stattfindet, denn davon hängt in einer arbeitsteiligen Organisationsstruktur der Erfolg des Unternehmens ab. Voraussetzung ist allerdings, dass es sich für jeden Beteiligten persönlich lohnt.

Wie verhält es sich nun mit dem Integritätsprinzip? Die Einhaltung bestimmter ethischer Werte und moralischer Standards darf nicht davon abhängen, dass dies für einzelne Personen von Vorteil ist. Denn dann wäre ethisches Verhalten im Unternehmen und damit des Unternehmens als solchem dem Zufall überlassen – und mittelfristig damit auch der Erfolg des Unternehmens. Auf der anderen Seite zeigt die Erfahrung jedoch auch, dass ethische und moralische Standards insbesondere dann missachtet werden, wenn der daraus ableitbare Nutzen für die Entscheidungsträger nicht offensichtlich ist. Selbst wenn also das Integritätsprinzip nicht allein dafür da ist, einem persönlichen Nutzen zu dienen, so wird es in der Unternehmenspraxis dennoch nur dann Anwendung finden, wenn es für die handelnden Personen von Vorteil ist.

So unwohl einem bei der Feststellung sein mag: integres Verhalten setzt persönlichen Nutzen aus diesem Verhalten voraus. Das gilt für individuelles Verhalten innerhalb eines Unternehmens ebenso wie für das Verhalten eines Unternehmens als solchem. Beispielsweise wird der Einsatz von Schwarzgeld umso wahrscheinlicher, je unumgänglicher dies für die Realisierung der von der Unternehmensleitung gesetzten persönlichen Ziele der Akteure erscheint. Auch der laxe Umgang mit Umweltrisiken wird umso wahrscheinlicher, je eher dies von den Anteilseignern, Kunden und sonstigen Interessengruppen toleriert, wenn nicht teils sogar aus ökonomischen Gründen begrüßt wird. Ob man diesem Problem nur mit Belohnung bei integrem Verhalten und mit Strafe bei dessen Gegenteil begegnen kann, ist fraglich. Denn generell gilt: integres Verhalten kann von Menschen im Unternehmen oder von Unternehmen als solchen nur erwartet werden, wenn der Vorteil aus derartigem Verhalten für die Beteiligten ebenfalls deutlich gemacht werden kann. So wünschenswert es wäre, Integrität als Selbstzweck zu betrachten; die nutzengeleiteten Grundkonstellationen im Unternehmen können nicht wegdiskutiert werden. Akzeptiert man diese jedoch und bindet sie in das persönliche Handlungskalkül ein, dann wird integres Verhalten in und von Unternehmen durchaus wahrscheinlich; zwar nicht als Selbstzweck, sondern nur wenn es sich lohnt, aber immerhin.

2.3 Opportunistischer Eigennutz: warum auch nicht?

Nutzen ist, was sich lohnt – für den Mitarbeiter aus seiner individuellen Perspektive und für das Unternehmen auf organisationaler Ebene, wobei auch letzteres aus individueller Perspektive betrachtet werden kann, denn »Nutzen für das Unternehmen« ist nichts weiter als eine Umschreibung für den individuellen Nutzen derjenigen, die in der Autokratie des Unternehmens oberste Verfügungsgewalt haben. Wenn man davon spricht, was sich lohnt, dann spricht man also prinzipiell von individuellen Nutzenvorstellungen.

Dennoch lebt ein Unternehmen natürlich maßgeblich von der Bereitschaft aller Mitarbeiter zu integrem und solidarisch-gemeinschaftlichem Handeln; von ihrer Bereitschaft also, eigene Interessen auch mal zugunsten Anderer zurück zu stellen. Wenn Kollegen oder Nachbarabteilungen sich beispielsweise mit der Bitte um Hilfestellung an eine Person als Fachexperten wenden, dann ist es aus Kollegialität normalerweise selbstverständlich, ihnen zu helfen, auch wenn die betreffende Person selbst daraus keinen Nutzen ziehen kann, sondern im Gegenteil Zeit opfert, die ihr bei der Erledigung ihrer eigenen Aufgaben fehlt.

Selbstverständlich ist diese Art altruistischer Unterstützung von Kollegen aber nur, wenn der Wunsch zu helfen Teil des Wertesystems der entsprechenden Person ist, wenn es also ihre Intention ist, hilfreich sein zu können. Andernfalls wäre es unlogisch, eigene Zeit für andere zu opfern.

Einzige Ausnahme von dieser Regel ist Hilfe für Kollegen, weil man sich selbst davon einen zukünftigen Vorteil verspricht. Dann hat die Hilfestellung allerdings einen kalkulierenden Hintergrund. Sie ist nicht mehr altruistisch, sondern auch wiederum eigennützig, weil sie dazu dient, die eigenen Wünsche und Ziele – in diesem Fall hilfreich sein zu wollen – zu realisieren. Für das Unternehmen ist solcher Art »kalkulierender Altruismus« sehr viel wertvoller, als »echter« Altruismus, weil er verlässlicher ist. Auf echten Altruismus der Mitarbeiter zu bauen, ist mit untragbaren Risiken verbunden. Kalkulierender Altruismus hingegen ist nichts anderes als Eigennutz, weil er dazu dient, vorhandene Verhaltensintentionen zu realisieren.

Es ist immer sinnvoll, Mitarbeitern einen Grund zu geben, sich so zu verhalten, wie es für eine funktionierende Zusammenarbeit im Unternehmen notwendig ist. Andererseits sind Mitarbeiter ihrerseits selbstverständlich auch ohne ständige Angebote des Unternehmens in der Pflicht, sich um die unternehmerischen Notwendigkeiten zu bemühen. Die Möglichkeit eingeräumt zu bekommen, seine persönlichen Ziele opportunistisch und eigennützig realisieren zu können, erfordert ein hohes Maß an Verantwortungs- und Leistungsbereitschaft, denn Verhaltensweisen, die dem Unternehmen schaden, sind oft weder unmittelbar sanktionierbar, noch in jedem Fall kontrollierbar.

Um das Risiko von Fehlverhalten zu reduzieren, ist es daher wichtig, das gewünschte Verhalten – wie beispielsweise die angesprochenen kollegialen Unterstützungsleistungen – als Teil der unternehmerischen Prozessabläufe zu offizialisieren und in die Zielvereinbarungen der entsprechenden Mitarbeiter aufzunehmen. Dann kann sich das Unternehmen tatsächlich auf die gewünschte Verhaltensweise seiner Mitarbeiter verlassen. Ziel sollte es sein, eine Organisation aufzubauen, in der sich die verschiedenen Teile der Organisation ihrer internen Kunden-Lieferanten-Beziehungen bewusst sind und sich entlang dieser innerbetrieblichen Kundenstrukturen selbst steuern. Denn dann ist das Eigeninteresse aller Beteiligten als interne Kunden in den Kooperationsbeziehungen automatisch fest verankert und Führungskräfte müssen sich im operativen Tagesgeschäft kaum mehr einmischen.

Opportunistischer Eigennutz ist die eigentliche Triebfeder allen menschlichen Handels in privatwirtschaftlichen Unternehmen; in Organisationen also, in denen die Menschen nur zusammenkommen, um Ziele, die sie bereits vor Eintritt in die Organisationen deutlich und klar formuliert haben, zu realisieren. Die Degradierung der persönlichen Ziele der Mitarbeiter als zweit- oder drittrangig gegenüber den unternehmerischen Aufgaben wird von Mitarbeitern daher selbstverständlich als ungerecht empfunden.

Die persönlichen Ziele als Priorität gegenüber den Unternehmenszielen zu betrachten ist ein Zeichen dafür, dass sich das Unternehmen und seine Mitarbeiter auf Augenhöhe begegnen und die Wünsche des Gegenüber als wesentlich und damit unterstützungswürdig anerkennen – nicht aus altruistischer Freundlichkeit, sondern schlicht aus eigenem Interesse. In diesem Sinne ist es wichtig, Opportunismus und Eigennutz nicht länger als negativ besetzte Begriffe zu verstehen, sondern vollkommen wertneutral als eine Selbstverständlichkeit in funktionierenden Kooperationsbeziehungen zu etablieren.

Jeder Mitarbeiter, unabhängig von seiner jeweiligen Position und Macht, verlässt sich intuitiv darauf, tun zu können, was für ihn selbst gut ist. Die Möglichkeit hierzu wird bereits den Bewerbern um eine

Anstellung mit der Entscheidung, ihn als Mitarbeiter im Unternehmen zu akzeptieren, ausdrücklich zugestanden. Denn nur auf dieser Basis unterschreibt ein Bewerber einen Arbeitsvertrag. Die Möglichkeit, ergänzend zu den Unternehmenszielen auch persönliche Ziele verfolgen zu können, ist also in jedem privatwirtschaftlichen Unternehmen Teil der grundlegenden Übereinkunft darüber, was im Unternehmen als gerecht gilt.

Ob opportunistischer Eigennutz Mitarbeitern als primäres Ziel zugestanden wird, das aus deren Sicht noch wichtiger ist als das Unternehmensziel, ist also keine Frage mehr. Es ist Teil der grundlegenden Übereinkunft, auf der die Existenz des Unternehmens als solchem beruht. Und ob nun in einer bestimmten Situation das Unternehmen oder der Mitarbeiter mehr Macht hat als der jeweils andere: es lohnt sich, diese Macht nicht auf Kosten des Gegenübers auszuspielen. Denn die Möglichkeit aller Akteure zur opportunistischer Eigennutzmaximierung ist notwendig.

3
Was motiviert – und was nicht

Nach dieser ausführlichen Beschäftigung mit ökonomischem Verhalten und der Frage, unter welchen Voraussetzungen und auf welche Weise rationale Eigennutzmaximierung auch Anderen dienen kann, steht im Folgenden die operative Umsetzung dieser Überlegungen im Vordergrund. Wie motiviert man Menschen zur Mitarbeit, die vor allem auf ihren eigenen Vorteil bedacht sind?

3.1 Wie aus Motiven nutzbare Motivation wird

Motivation ist das Ergebnis der Aktivierung von Motiven durch Anreize.[8] Deshalb entsteht Motivation nur dann, wenn es dem Unternehmen gelingt, Rahmenbedingungen zu schaffen, die für den Mitarbeiter mit seinen persönlichen Zielen so interessant sind, dass er sich dafür entscheidet, seine Ziele in diesem Unternehmen realisieren zu wollen. Motive zur Mitarbeit resultieren aus den persönlichen, höchst individuellen Zielen, deren Erreichung man sich durch sein Engagement im Unternehmen verspricht. Ist das persönliche Ziel, viel Geld zu verdienen, dann sollte das Unternehmen Möglichkeiten in Aussicht stellen, dieses auch zu erreichen. Anreize wären beispielsweise ein Karriere-Entwicklungsplan, ein Führungskräfte-Nachwuchsprogramm, oder schlicht und einfach ein im Vergleich zum Branchendurchschnitt hohes Gehalt. Ist das persönliche Ziel ein sicherer Arbeitsplatz, dann sollte das Unternehmen glaubhaft machen, dass es diesen bieten kann, wenn es den Mitarbeiter für das Unternehmen gewinnen und im Unternehmen halten möchte. Das Motiv wäre dann Arbeitsplatzsicherheit, der Anreiz beispielsweise eine tarifliche Beschäftigungsgarantie, und das Ergebnis wäre Motivation dieses Mitarbeiters, seine Leistungsfähigkeit dem Unternehmen auf Dauer zur Verfügung zu stellen.

Auf diesem Zusammenhang zwischen Motiven, Anreizen und Motivation bauen die Motivationstheorien auf. Ihr Ziel ist es, Aussagen darüber zu treffen, wie aus dem Anfangsstadium »Motiv« das Endstadium »Motivation« wird, unter welchen Umständen also Mitarbeiter bereit sind, sich aktiv und leistungsbereit für die Ziele des Unternehmens einzusetzen. Diesem Ziel nähern sich die Motivationstheorien auf unterschiedliche Weise. Die Inhaltstheorien versuchen zu erklären, welche Arbeitsinhalte unter welchen Begleitumständen zur leistungsbereiten Mitarbeit im Unternehmen führen.[9] Die Prozesstheorien konzentrieren sich auf den Ablauf des Motivationsprozesses von den Motiven des Mitarbeiters zur unternehmerisch nutzbaren Motivation.[10]

Auch wenn die Motivationstheorien zu erklären versuchen, mit welchen Anreizen man die Motive der Mitarbeiter für das Unternehmen nutzbar machen kann, ist das Problem meistens nicht so sehr, Anreize zu finden, die für die Mitarbeiter interessant sind. Gerade in größeren Unternehmen gibt es normalerweise genügend Möglichkeiten, seine persönlichen Ziele zu verwirklichen. Die Frage ist vielmehr, welche Anreize das Unternehmen geben sollte und welche es eher unterlassen, bzw. verhindern sollte.[11]

Unter der Annahme von Eigennutzmaximierung als grundlegendem Handlungsmuster nicht nur des Unternehmens, sondern auch seiner Mitarbeiter ist dies die zentrale Frage. Denn Anreize sollen ja nicht einfach nur die mehr oder weniger zufälligen Motive von Mitarbeitern in ihrer Gesamtheit aktivieren, sondern nur solche, die mit den Interessen des Unternehmens übereinstimmen. Andernfalls könnten die Mitarbeiter den Handlungsspielraum, den jeder von ihnen bis zu einem gewissen Grad immer hat, nutzen, um ihre für das Unternehmen nicht unbedingt vorteilhaften Ziele auch gegen den Willen des Unternehmens durchzusetzen. Das Ergebnis wären erhebliche Probleme in den Arbeitsbeziehungen. Faktisch handelt es sich dabei um Motivationsprobleme. Ursache ist jedoch nicht mangelnde Motivation der Mitarbeiter, sondern die Aktivierung der falschen Motive.

Diese Fehlsteuerung kann zwei Ursachen haben: (1) Die Ziele des Unternehmens und die der betreffenden Mitarbeiter passen zwar im Prinzip zusammen, aber nicht in jedem Fall, so dass es zu Ziel- und Abstimmungskonflikten kommt, die im Extremfall sogar zur Beendigung des Kooperationsverhältnisses führen können. Oder aber (2) es kommt zu Motivationsproblemen, weil nicht nur das Unternehmen, sondern auch die Mitarbeiter immer über einen gewissen Handlungsspielraum verfügen, der von dem jeweils Anderen nicht kontrolliert werden kann und den er daher in seiner Ausgestaltung akzeptieren muss. Wenn bei bestehenden Zieldivergenzen (siehe 1) auch noch Vertrauen in den Partner über dessen Ausgestaltung seines eigenen Handlungsspielraums (siehe 2) fehlt, dann ist mindestens eines der folgenden sechs Motivationsprobleme wahrscheinlich.[12]

- Hold-Up
- Wortbruch
- Adverse Selektion
- Moralisches Risiko
- Trittbrettfahrerei
- Kollektive Leistungszurückhaltung (Sperrklinkeneffekt)

Wie diese Motivationsprobleme in der Unternehmenspraxis wirken und wie man sie vermeiden kann, wird im Folgenden erläutert.

Motivationsproblem Hold-up

Person A investiert seine Arbeitszeit in eine Kooperationsbeziehung mit Person B und vernachlässigt dafür andere mögliche Betätigungsfelder. Person B nutzt die Arbeitsleistung von Person A zum eigenen Vorteil, ohne jedoch Person A dafür eine adäquate Gegenleistung anzubieten. Da Person A andere Betätigungsfelder bereits ausgeschlagen hat, ist sie trotz der mangelnden Gegenleistung von Person B auf die Zusammenarbeit mit ihr angewiesen; sie ist von Person B »aufgehalten« worden.

Das Motivationsproblem des Hold-up[13] resultiert aus der naturgemäßen Unvollständigkeit des Arbeitsvertrags, in dem zwar die allgemeinen Rahmenbedingungen der Kooperation, wie z.b. Arbeitszeit und Entgelt, geregelt werden, der jedoch die tatsächliche Ausgestaltung der Arbeitsbeziehung offen lassen muss. Hold up bedeutet, dass einseitige Investitionen einer Partei – meistens der Mitarbeiter – in einer Arbeitsbeziehung deren Abhängigkeit erhöhen und der anderen Partei – meistens das Unternehmen – die Möglichkeit zu opportunistischem Verhalten eröffnen. Darüber hinaus kann allein die Möglichkeit einer einseitigen Abhängigkeit dazu führen, dass diejenige Partei, die sich in die Abhängigkeit begeben könnte, gar nicht erst in die Kooperationsbeziehung investiert und so zwar ein mögliches Hold-Up-Problem vermeidet, dafür aber beiden Partnern bereits im Vorhinein die Chance zu erfolgreicher Kooperation nimmt. Allein die Möglichkeit einer Hold-Up-Situation ist also bedrohlich und sollte von demjenigen Kooperationspartner, der die Gelegenheit zu opportunistischem Verhalten bekommen könnte, bereits antizipativ vermieden werden, umso mehr, als Hold-Up-Erfahrungen in einer Kooperationsbeziehung auch die zukünftige Zusammenarbeit der Partner erheblich belasten können.

Fallbeispiel 2: Weiterbildung für höhere Führungskräfte
Ein mittelständisches Unternehmen, das nach einer mehrjährigen Krise wieder in die Gewinnzone zurückkehrt, hat als wesentliche Ursachen der überstandenen Krise neben widrigen Rahmenbedingungen auch einige signifikante eigene Versäumnisse ausgemacht. Um diese Fehler in Zukunft zu vermeiden, aber auch auf Drängen des Finanzinvestors, der im Höhepunkt der Krise in das Unternehmen eingestiegen ist, um es nach erfolgter Gesundung an die Börse zu bringen, hat der Vorstand beschlossen, wichtige

Führungskräfte im Unternehmen über ihr derzeitiges Wissen hinaus im Rahmen eines Weiterbildungsprogramms interdisziplinär zu qualifizieren. Ziel des Programms ist einerseits, das organisationale Wissen auf den neuesten Stand zu bringen, und andererseits, der potentiellen Abwanderung wichtiger Führungskräfte zu großen Konzernen, die dem einzelnen Mitarbeiter vermehrte Entwicklungsperspektiven offerieren können, entgegen zu wirken. Das inhaltliche Ziel dieses zwei Jahre dauernden Weiterbildungsprogramms ist die Vermittlung wesentlichen Wissens aus allen Bereichen der »Business Administration«, damit die betreffenden Führungskräfte ihre jeweiligen Funktionen in Zukunft auf dem neuesten Stand des Wissens ausfüllen können und durch ihr interdisziplinäres Wissen zudem ihre zukünftigen Entscheidungen an den Anforderungen der anderen Unternehmensbereiche ausrichten können. Das Weiterbildungsprogramm richtet sich daher an Inhaber ganz bestimmter Positionen im Unternehmen.

Auch bei den betreffenden Mitarbeitern findet das Programm großen Anklang, obwohl es einen beträchtlichen Zeitaufwand zusätzlich zur täglichen Arbeit bedeutet, die in der angesprochenen Gruppe der mittleren und höheren Führungskräfte ohnehin überdurchschnittlich viel Zeit in Anspruch nimmt. Grund der großen Zustimmung trotz der hohen zeitlichen Belastung ist der persönliche Mehrwert, den jeder Teilnehmer aus dem Programm erhält.

Der Vorteil des Programms für das Unternehmen liegt auf der Hand: höher qualifizierte Mitarbeiter in Schlüsselpositionen erhöhen die Wahrscheinlichkeit, zukünftige Marktturbulenzen besser (als die Konkurrenz) zu überstehen. Der Vorteil des Programms für die teilnehmenden Führungskräfte ist ebenfalls nachvollziehbar. Weitere Qualifizierungen erhöhen ihren Marktwert. Hierin liegt allerdings ein Dilemma. Während das Unternehmen daran interessiert ist, die Qualität, mit der die Position ausgefüllt wird, zu erhöhen, um in den entsprechenden Märkten besser bestehen zu können, ist der betroffene Mitarbeiter vor allem daran interessiert, seine Chancen als Person zu erhöhen; ebenfalls aus Wettbewerbsgründen – allerdings nicht in dem Markt, in dem sein Unternehmen operiert, sondern auf dem Arbeitsmarkt.

Das Problem ist, dass das Unternehmen der Verleihung eines akademischen Titels nach erfolgreich absolviertem Programm nicht zustimmen kann, da es sonst Gefahr läuft, diese Mitarbeiter zu verlieren. Andererseits kann es den Titel auch nicht verweigern, um die Teilnehmer nicht zu demotivieren. Ursache dieses Dilemmas ist die Diskrepanz zwischen den positionalen Zielen des Unternehmens und den individuell-persönlichen Zielen der Mitarbeiter, die die Positionen besetzen.

Nach einigem Hin und Her hat sich der Vorstand mit den zur Weiterbildung vorgeschlagenen Führungskräften darauf verständigt, dass das Weiterbildungsprogramm zwar nicht akkreditiert sein wird und auch nicht mit einem akademischen Titel abschließt, dass es aber zumindest von der wirtschaftswissenschaftlichen Fakultät einer Universität zertifiziert sein wird. Mit dieser Lösung erklären sich alle Beteiligten einverstanden. Das Unternehmen muss nun nicht mehr fürchten, dass sich seine besten Mitarbeiter unmittelbar nach Abschluss des Programms verabschieden und ihre Chancen mit den neuen akademischen Weihen auf dem externen Arbeitsmarkt suchen. Und die an dem Programm teilnehmenden Führungskräfte sind auch zufrieden, da sie mit dem universitären Zertifikat zwar keinen akademischen Titel erhalten, aber doch zumindest ihre Qualifikationen nachweisen können.

Bevor das Programm jedoch starten kann, muss die Kostenübernahme verhandelt werden. Der Vorstand schlägt vor, dass das Unternehmen die finanziellen Gebühren vollständig übernimmt und sich die Teilnehmer im Gegenzug bereit erklären, für einzelne Seminartage sowie für die notwendige Vorbereitung

Freizeit einzubringen. Da die finanziellen Kosten des Programms sich über die Laufzeit von zwei Jahren zu einem signifikanten Betrag addieren, ist eine weitere Vorbedingung des Unternehmens, dass die Teilnehmer eine sogenannte Loyalitätsvereinbarung unterschreiben, in der sie sich nach Abschluss des Programms für weitere drei Jahre an das Unternehmen binden oder gegebenenfalls die Programmgebühren anteilig »zurück«-zahlen müssen. Mit dieser Regelung sind die Teilnehmer nicht einverstanden, können die Teilnahme an dem Programm jedoch aus Sorge um ihre berufliche Zukunft im Unternehmen nicht ohne weiteres ablehnen. Woraus resultiert der Dissens?[14]

Der Unmut der Teilnehmer über die vom Unternehmen vorgeschlagene (und durchgesetzte) Regelung zur Kostenübernahme ist nachvollziehbar, da dies aus ihrer Sicht eine einseitige Investition ihrerseits in das Humankapital des Unternehmens ist, von dem auf Grund der mangelnden individuellen Verwertbarkeit des Abschlusses ohne akademischen Titel die einzelnen Teilnehmer persönlich wenig profitieren. Das Unternehmen würde argumentieren, dass die Teilnehmer zusätzliches Wissen erwerben, das sie stets verwenden und kapitalisieren können, ob in diesem oder einem anderen Unternehmen. Aus diesem Grund sei die Loyalitätsvereinbarung nur legitim.

Im vorliegenden Beispiel investieren beide Parteien in die Arbeitsbeziehung. Das Unternehmen organisiert die Weiterbildung, und die Mitarbeiter strengen sich an, die Inhalte zu lernen. Da das Unternehmen jedoch die Verleihung eines akademischen – auf der Visitenkarte nutzbaren – Grades verhindert hat, können die Mitarbeiter ihre Investition im Sinne des Lernaufwands nur innerhalb des Unternehmens nutzen. Denn ein potenzieller neuer Arbeitgeber wird ohne eine akademische Zertifizierung die Qualität der Lernmodule kaum beurteilen können. Die Mitarbeiter sind also von ihrem derzeitigen Arbeitgeber bis zu einem gewissen Grad abhängig. Durch die Loyalitätsvereinbarung wird die Abhängigkeit der Mitarbeiter zusätzlich erhöht, da sie nun im Falle eines vorzeitigen Arbeitgeberwechsels zusätzlich auch noch das finanzielle Risiko tragen. Aus Frustration und um die Abhängigkeit zumindest teilweise zu kompensieren, werden die Mitarbeiter das Unternehmen allerdings mit Forderungen auf anderen Gebieten (Gehaltserhöhung?) konfrontieren. Die Gefahr von derartigen Nachverhandlungen ist eine weitere wesentliche Konsequenz des Hold-up-Problems.

Motivationsproblem Wortbruch

Wortbruch bedeutet, dass eine Person durch nicht eingehaltene Zusagen das in sie gesetzte Vertrauen einer anderen Person einseitig enttäuscht. Der Schaden entsteht für den enttäuschten Partner aus der besonderen Situation des Vertrauens, die dazu führt, dass der vertrauende Partner keine Schutzmechanismen zur Kontrolle des Wohlverhaltens seines Gegenübers aufbaut, um die Möglichkeit eines Wortbruchs auszuschließen. Denn würde er das tun, dann würde er ja nicht vertrauen. Vertrauen birgt immer die Gefahr eines persönlichen Schadens für den Fall des Wortbruchs. Bricht jemand sein Wort, dann ist Vertrauen in Zukunft nicht mehr möglich und die Motivation zur Zusammenarbeit zwangsläufig erloschen.

Auch das Motivationsproblem des Wortbruchs[15] resultiert aus der Unvollständigkeit des Arbeitsvertrags und tritt häufig auf, wenn Mitarbeiter besondere Arbeitsleistungen einzig auf Grund der Zusicherung einer zukünftigen Belohnung zeigen. Da der Arbeitsvertrag keine Garantie für die Gewährung der Belohnung bieten kann, hängt der Grad der zusätzlichen Leistung des Mitarbeiters von der Glaubwürdigkeit der Gewährung der Belohnung ab. Selbst bei nur angenommenem zukünftigem Wortbruch wird das vollständige Potenzial einer Arbeitsbeziehung nicht mehr realisierbar sein, und die tatsächliche Leistung kann sogar unter das vertraglich vereinbarte Niveau absinken. Zum Verständnis der Tragweite dieses Problems hilft Luhmanns Definition von Vertrauen »als Problem der riskanten Vorleistung«[16].

Nach Luhmann dient Vertrauen zur Verringerung der Komplexität der eigenen Zukunft.[17] Indem man darauf vertraut, dass andere Menschen, von deren Handlungen man selbst in gewisser Weise abhängig ist, bestimmte Dinge tun, bzw. unterlassen werden, wird die eigene Zukunft einfacher. Man muss sich dann nicht mehr Sorgen über zukünftige Geschehnisse machen, die zwar möglich wären und einem dann auch beträchtlichen Schaden zufügen würden, die der Andere aber schon nicht tun wird – darauf vertraut man.

Das Problem ist allerdings, dass man sich dem Anderen damit auch ausliefert, weil man sich vor zukünftigen Geschehnissen nicht schützt, wenn man darauf vertraut, dass diese schon nicht passieren werden. Wenn sie dann doch passieren, weil jemand, dem man vertraut hat, sein Wort bricht, dann ist der Schaden umso größer und in einer Kooperationsbeziehung auch nicht mehr reparabel, denn die Grundlage für zukünftiges Vertrauen zu der betreffenden Person ist dauerhaft entzogen.

Fallbeispiel 3: Drei Jahre im Ausland
Ein junger Mitarbeiter in der Entwicklungsabteilung eines internationalen Konzerns möchte nach mittlerweile fünf Jahren Berufserfahrung seiner Karriere ein wenig Schwung verleihen. Als sein Arbeitgeber ankündigt, Mitarbeiter für einen neuen Produktionsstandort im Ausland zu suchen, erkennt er seine Chance und erkundigt sich sogleich nach den Konditionen. Er erfährt, dass der Standort zwar geographisch sehr ungünstig liegt, da der nächste Flughafen drei Autostunden entfernt ist und weil die nähere Gegend wenig Abwechslung bietet. Zudem ist das Angebot auch finanziell nicht besonders attraktiv, weil das neue Produktionswerk in den ersten Jahren auf Grund hoher Investitionen sowieso unrentabel ist. Aber die Personalabteilung und auch der Produktionsleiter stellen eine sehr positive Wirkung seines Engagements in diesem Werk auf seine Karriere in Aussicht, wenn er sich denn dafür entscheiden würde, drei Jahre dort tätig zu sein.

Der Mitarbeiter überlegt nicht lange und freut sich sowohl auf die Auslandserfahrung als auch auf die überaus erfreulichen längerfristigen Karriereaussichten.

In den folgenden drei Jahren ist es still geworden um den Mitarbeiter. Seine Arbeit ist anspruchsvoll, und er investiert so viel Zeit in seine neue Tätigkeit, dass er kaum noch in der Zentrale zu sehen ist. Mit seinen ehemaligen Kollegen in der Zentrale ist er zwar zunächst noch in unregelmäßigem Email-Kontakt, aber da er in dem neu aufzubauenden Fertigungswerk schnell in Führungspositionen aufgestiegen ist, werden auch diese Kontakte seltener.

Einige Zeit vor Ablauf der vereinbarten drei Jahre fragt der Mitarbeiter in der Personalabteilung und auch beim Produktionsleiter in der Zentrale nach, welche Position er denn nun wieder »zu Hause« in der Zentrale übernehmen könne. Die Antwort lässt erst auf sich warten und trifft ihn dann hart: man sei so zufrieden mit seiner Arbeit in dem ausländischen Fertigungswerk, dass man ihn bitte, noch länger zu bleiben. Da das aber für ihn keine akzeptable Option ist, insistiert er und erkennt nach einigem Hin und Her, dass niemand seine Rückkehr in die Zentrale vorbereitet hatte, und dass dort derzeit wohl auch keine Führungsposition frei ist.

Nach einigen weiteren Wochen erhalten die Abteilungsleiter in seinem früheren Entwicklungsbereich eine Email von der Personalabteilung, ob man nicht eine Stelle für einen Mitarbeiter hätte, der zur Zeit im Ausland arbeitet, dort aber wohl nicht ganz zufrieden ist und wieder zurück möchte. So kam es, dass der Mitarbeiter aus der Entwicklungsabteilung nach drei Jahren in einer Führungsposition im Ausland wieder an seinen ursprünglichen Arbeitsplatz ohne Führungsverantwortung in der Entwicklungsabteilung zurückkehrte.

Was ist schief gelaufen, und wer hat das größere Problem: der Mitarbeiter oder das Unternehmen?

Der Mitarbeiter hat durch seinen Auslandseinsatz, den er absolvierte, um anschließend befördert zu werden, einseitig in die Arbeitsbeziehung investiert. Das Unternehmen wiederum lockte ihn mit dem Versprechen einer nachgelagerten Belohnung in das Abenteuer des Auslandseinsatzes, wurde allerdings anschließend wortbrüchig. Dennoch ist der Verhandlungsspielraum des Mitarbeiters gegenüber dem Unternehmen auch nach dem Wortbruch gering, denn wenn sich der Auslandseinsatz für ihn wenigstens langfristig lohnen soll, ist er darauf angewiesen, dem Unternehmen treu zu bleiben. Das Vertrauen zwischen beiden Parteien ist jedoch zumindest von Seiten des Mitarbeiters nachhaltig gestört und das eigentlich mögliche Potenzial der Arbeitsbeziehung wohl nie wieder realisierbar. Wenn diese Geschichte im Unternehmen die Runde macht, dann könnte sie sich sogar negativ auf die Arbeitsleitung anderer, an sich unbeteiligter Mitarbeiter auswirken.

Motivationsproblem Adverse Selektion

Informationen sind nicht immer ohne weiteres erhältlich, und die Beschaffung zusätzlicher Informationen verursacht Kosten. Die Menge der zur Entscheidungsfindung zur Verfügung stehenden Informationen ist daher beschränkt, was wiederum zu Unsicherheiten und Risiken im Entscheidungsprozess führt. Wenn man beispielsweise die wahren Absichten seines Gegenübers nicht kennt und mit vernünftigem Aufwand auch nicht herausfinden kann, dann können fehlende Informationen über die wahren Absichten des Kooperationspartners dazu führen, dass sich auf Grund dieser Unsicherheiten und Risiken die schlechteste aller möglichen Alternativen durchsetzt. Das ist Selektion genau andersherum (advers), als es eigentlich wünschenswert wäre.

Das folgende Fallbeispiel zeigt, wie sich auf Grund unterschiedlich verteilter Informationen zwischen Verkäufern und Käufern (Informationsasymmetrien) langsam aber sicher die schlechtest mögliche Qualität durchsetzt.

Fallbeispiel 4: Schlechte Qualität setzt sich immer durch
»Dass ein neues Auto unmittelbar nach der Erstzulassung so schnell an Wert verliert, liegt nicht wie allgemein angenommen daran, dass die meisten Menschen lieber neue als gebrauchte Autos fahren. Vielmehr liegt der massive Preisverfall neuer Autos direkt nach der Zulassung vor allem daran, dass der Käufer eines Autos vor dem Kauf nie wissen kann, ob es sich um ein solides und gut verarbeitetes Fahrzeug handelt oder aber doch leider um ein ‹Montagsfahrzeug›. Wenn er mit seinem neu erworbenen Auto aber einige hundert Kilometer gefahren ist, dann weiß er, wie zuverlässig seine Neuerwerbung tatsächlich ist. Und er weiß, dass er Glück gehabt hat, wenn das Fahrzeug zuverlässig ist, denn es hätte ebenso gut ein Montagsauto gewesen sein können. Wird er dieses zuverlässige Auto kurzfristig wieder verkaufen? Vermutlich nicht, denn das nächste Auto könnte ja ein Montagsauto sein.

Das Problem ist allerdings noch viel grundlegender: der Besitzer des guten Autos hat gar keine Wahl, als es zu behalten, weil der Besitzer eines Montagsautos versuchen wird, sein Fahrzeug mit Hilfe von Preisnachlässen möglichst schnell wieder loszuwerden. Der Besitzer des guten Autos ist Gefangener der Situation: er kann es nicht zu einem Preis verkaufen, den das Auto eigentlich wert wäre, weil die potentiellen Käufer nicht beurteilen können, ob er die Wahrheit über den Zustand seines Autos sagt oder nicht und daher damit rechnen müssen, über den Tisch gezogen zu werden. Sie würden sich also nur auf einen Kaufpreis einlassen, der auch dann noch gerechtfertigt wäre, wenn das Auto ein Montagsfahrzeug wäre. Für diesen Preis kann der Besitzer des guten Autos sein Fahrzeug aber nicht verkaufen, weil er dafür ja kein neues bekäme. Auf dem Markt für Gebrauchtwagen verdrängen die Montagsautos also die guten Autos.«[18]

Wenn man in einem Markt mehrere Qualitätsstufen unterscheiden kann, dann kann es sogar noch schlimmer kommen, wie Akerlof anmerkt: »Denn es ist durchaus möglich, dass die *schlechten Produkte, die nicht ganz so schlechten verdrängen, die wiederum die mittelmäßigen verdrängen, welche die nicht ganz guten verdrängen, welche die guten verdrängen, bis am Ende dieser Verdrängungskette überhaupt kein Markt mehr existiert.«*[19]

Das Problem in der Beziehung zwischen Verkäufer und Käufer eines Autos liegt in dem Informationsdefizit auf Seiten des Käufers über den tatsächlichen Zustand des Fahrzeugs. Dies führt dazu, dass Käufer von Gebrauchtwagen aus einem generellen Misstrauen bezüglich der Aussagen des Verkäufers heraus nicht bereit sind, den hohen Preis zu bezahlen, der für einen sehr guten Gebrauchtwagen gerechtfertigt wäre. Denn was wäre, wenn sich nach dem »gekauft wie gesehen« herausstellen sollte, dass der Verkäufer nur sein Montagsauto loswerden wollte? Der geringe Preis, der auf Grund der Informationsasymmetrien zwischen Verkäufer und Käufer für alle Gebrauchtwagen gleichermaßen und unabhängig von ihrem tatsächlichen Zustand auf einem Gebrauchtwagenmarkt nur zu erzielen ist, schreckt wiederum potentielle Verkäufer von sehr guten Gebrauchtwagen ab. Es setzt sich also die schlechtere Qualität durch und treibt gute Qualität aus dem Markt.

Dieses Phänomen gilt für jeden Markt, in dem Verkäufer und Käufer über einen unterschiedlichen Informationsstand bezüglich der Qualität des Angebotes verfügen, so beispielsweise auch für das Fleischangebot im Supermarkt: Wenn die Qualität des Angebots aufgrund der Informationsdefizite der Kunden gegenüber den Anbietern und daher fehlenden Bereitschaft, höhere Preise zu bezahlen, zu sehr abnimmt, dann ist irgendwann gutes, frisches Fleisch nicht mehr verkaufbar, und es wird nur noch Gammelfleisch angeboten. Das ist adverse Selektion: Auswahl entgegen den Interessen aller Beteiligten.

Innerhalb eines Unternehmens führen fehlende Informationen über die wahren Beweggründe von Kollegen regelmäßig zu suboptimalen Ergebnissen: wenn man davon ausgeht, dass das Controlling in der jährlichen Budgetplanung sowieso wieder 10% des Budgets kürzen wird, dann addiert man diese 10% von vornherein auf das tatsächlich benötigte Budget. Damit rechnet das Controlling allerdings auch und kürzt nicht um 10%, sondern um 15%. Funktioniert ehrliche Planung in einer solchen Situation, die von asymmetrisch zwischen den Kooperationspartnern verteilten Informationen über die Beweggründe des jeweils anderen geprägt ist, überhaupt noch? Nur wenn die legitimen Interessen des Kooperationspartners Teil der eigenen Zielvorgaben sind und regelmäßiger Informationsaustausch über die Beweggründe beider Partner institutionalisiert wird.

Motivationsproblem Moralisches Risiko

Hierbei handelt es sich um ein klassisches Prinzipal-Agenten-Problem. Das moralische Risiko droht immer dann, wenn die Informationen in der Beziehung zwischen zwei Vertragsparteien, von denen einer Auftraggeber (Prinzipal) und der andere Auftragnehmer (Agent) ist, ungleich verteilt sind. Denn die Partei mit den umfassenderen Informationen kann diesen Informationsvorsprung zum eigenen Vorteil und zum Schaden der anderen Partei ausnutzen. Meistens ist das der Prinzipal (Unternehmen, bzw. Vorgesetzter). Das folgende Fallbeispiel zeigt jedoch, dass auch der Agent (Mitarbeiter) die Möglichkeit zur Ausnutzung eines Informationsvorsprungs gegenüber dem Prinzipalen (seinem Vorgesetzten) haben kann. Das Risiko dieser einseitigen Vorteilsnahme besteht in der Leistungsverweigerung des geschädigten Kooperationspartners bereits bei nur *angenommener* Vorteilsnahme. Vertraglich ausgeschlossen ist das Ausnutzen eines Informationsvorsprungs im Allgemeinen nicht. Daran hindern kann den Betreffenden nur sein eigenes Gewissen; daher der Begriff »moralisches« Risiko.

Fallbeispiel 5: Krank oder im Urlaub?
Wenn die Anzahl der Krankentage an Brückentagen (Montag oder Freitag) vor oder nach einem Feiertag steigen sollte, dann sind selbstverständlich nicht die Brückentage ursächlich dafür, aber eigenartig wäre es schon.

Die Zahl der Krankentage wird an Brückentagen nur dann steigen, wenn der Vertragspartner – hier das Unternehmen – den Zusammenhang zwischen Brückentag und Krankmeldung und damit die Vermutung der ungerechtfertigten Krankmeldung nicht nachweisen kann. Diesen Informationsvorsprung können die vermeintlich »kranken« Mitarbeiter zum eigenen Vorteil und zum Nachteil des Unternehmens als ihrem Vertragspartner ausnutzen. Es könnte aber auch sein, dass sie tatsächlich kurz vor einem Brückentag krank geworden sind und dennoch am Arbeitsplatz erscheinen, weil sie befürchten müssen, dass der Arbeitgeber ihnen die Krankheit nicht glaubt. Dort stecken sie dann die gesamte Abteilung an.

Zuweilen muss man dem Kooperationspartner vertrauen, weil man das Gegenteil mangels Kontrollmöglichkeiten nicht beweisen kann. Diesen Vertrauensvorschuss kann der Andere zum eigenen Vorteil und damit zum Nachteil des Gegenübers ausnutzen. Darin besteht das moralische Risiko.

Bereits die Annahme, dass der Vertrauensvorschuss ausgenutzt werden könnte, kann zu einer Belastung in der Zusammenarbeit werden, weil sie das Verhalten beider Kooperationspartner negativ beeinflussen kann. Macht man sich diesen Zusammenhang bewusst, dann kann man den Teufelskreis aus Annahme und Gegenannahme durchbrechen.

Motivationsproblem des Trittbrettfahrens

Das Trittbrettfahrerproblem kann immer dann auftreten, wenn mehrere Mitarbeiter gemeinsam ein Arbeitsergebnis erzielen, aus diesem Ergebnis aber nicht ersichtlich ist, wie hoch der Anteil der jeweiligen Mitarbeiter an der Erreichung des Ergebnisses war.[20]

Auch hier ist das Problem die fehlende Kontrollierbarkeit der Handlungen Einzelner. In diesem Fall leidet jedoch eine ganze Arbeitsgruppe darunter, weil sie beispielsweise gegenüber einem Vorgesetzten nicht nachweisen kann, dass ein Einzelner aus der Gruppe zwar nichts zur Gruppenleistung beigetragen hat, nun aber als Mitglied der Gruppe dennoch von der Belohnung der gesamten Gruppe für ein gutes Ergebnis profitiert.

Fallbeispiel 6: Beraterschicksal
Die angesehene Marketing-Agentur »I-Consult« bekommt von »Care-less«, einem Unternehmen aus der Kosmetikbranche, einen lukrativen Beraterauftrag. Sie soll kurzfristig ein Launch-Konzept für die neue Sensitiv-Pflegeserie für den gutbetuchten, aber schlecht gepflegten Mann im besten Alter entwerfen und implementieren. Da die nächste Messe ihre Tore bereits in vier Wochen öffnet, ist nicht mehr viel Zeit. Aber immerhin gibt es einen Lichtblick: auf Grund der Wichtigkeit des Projektes und des äußerst engen Zeitfensters hat der Geschäftsführer des beauftragenden Unternehmens in einer Rundmail die betreffenden Mitarbeiter gebeten, die Agentur mit allen notwendigen Informationen zu versorgen sowie mit Rat und Tat zu unterstützen.

Die vier Wochen sind um, und die Vorstellung der neuen Pflegeserie auf der Messe war ein voller Erfolg. Sowohl die einschlägige Presse als auch einige der wichtigsten Kunden überschütteten das Unternehmen und die Agentur mit Lob über dieses grandiose Produkt und den wirklich gelungenen Marktauftritt. Und trotzdem ist der Chef der Agentur in höchstem Maße unzufrieden. Warum nur ist ausgerechnet der Radio-Spot so schlecht geworden, dass er ihn in letzter Minute noch zurückziehen musste? Zum Glück hat das außerhalb der Agentur keiner mitbekommen. Dabei sollte der Radio-Spot doch das Highlight der ganzen Kampagne werden.

Er hatte schon gehört, dass es ständig Probleme gab, weil die Mitarbeiter bei Care-less angeblich immer keine Zeit hatten und weil sich viele der Informationen, die sie von Care-less-Mitarbeitern erhielten, im Laufe der Zeit als unbrauchbar oder zumindest veraltet herausstellten. Aber was sollte er machen? Care-less ist ein großer und wichtiger Kunde, bei dem es sich die Agentur bes-

ser mit niemandem verscherzen sollte, und vor allem: wen sollten sie dafür verantwortlich machen? Sie wurden bei ihrer Care-less-internen Recherche von einem Mitarbeiter zum nächsten verwiesen – immer mit gut klingenden Begründungen, warum man nicht zuständig sei.

Am Ende blieb ihm nichts anderes übrig, als die wenigen Informationen, die sie von den halbwegs motivierten Mitarbeitern halten hatten, zu nutzen und das Beste daraus zu machen. Naja, und so schlecht war das Ergebnis ja auch wieder nicht. Der Geschäftsführer von Care-less ist zufrieden und hat seinen Mitarbeitern ja auch schon eine Dankesmail für die großartige Unterstützung der Marketingagentur geschickt. Aber es wäre eben erheblich mehr möglich gewesen.

Dies kann eines der Probleme von Unternehmensberatern sein, sofern sie auf die Kooperation von Mitarbeitern des Kunden angewiesen sind. Die Marketing-Agentur »I-Consult« hätte nur dann bessere Unterstützung aus dem beauftragenden Unternehmen »Care-less« bekommen, wenn die Mitarbeiter von Care-less namentlich benannt und für eine präzise definierte Unterstützungsarbeit persönlich verantwortlich gewesen wären. So aber haben sich die Mitarbeiter hinter der Vielzahl der Kommunikationsbeziehungen der Berater mit anderen Kollegen versteckt und darauf vertraut, dass ihre eigene mangelhafte Zuarbeit nicht auffällt. Außerdem konnten sie darauf vertrauen, dass die Agentur schon aus Eigeninteresse auf jeden Fall ein positives Ergebnis kommunizieren wird.

Motivationsproblem der kollektiven
Leistungszurückhaltung (Sperrklinkeneffekt)

Eine Sperrklinke lässt ein Zahnrad auf einer Welle in die eine Richtung drehen, verhindert aber eine Bewegung der Welle in die andere Richtung.

Gleiches machen Gruppenmitglieder, die auf Grund einer besonderen Stellung innerhalb der Gruppe alle anderen Gruppenmitglieder dazu bringen können, weniger zu leisten als sie eigentlich könnten, und vor allem eigentlich auch wollten. Diese »menschliche Sperrklinke« arbeitet zwar durchaus mit, will aber auf keinen Fall »zu viel« tun. Die Bewertung der Arbeitsleistung als »zu viel« nimmt der entsprechende Mitarbeiter natürlich nach eigenem Ermessen vor. Wenn dieser Mitarbeiter in einer Arbeitsgruppe auch noch über ein gewisses Maß an Einfluss verfügt, dann kann er die Leistungsbereitschaft der gesamten Gruppe bremsen und für ein Gruppenergebnis unterhalb der eigentlich erwartbaren und problemlos möglichen Leistung sorgen.

Fallbeispiel 7: Messebau in Zeitlupe
Messebau ist eine harte Angelegenheit. Der Termindruck ist extrem, weil die Termine zur Fertigstellung eines Messestands definitiv und unverrückbar sind. Die Arbeitsbedingungen in staubigen Hallen sind nicht immer optimal. Häufig wird bis spät abends oder sogar die ganze Nacht hindurch gearbeitet, und dann gibt der Kunde oft noch in buchstäblich letzter Sekunde Änderungswünsche durch.

Die Baufix GmbH hat viel Erfahrung im Messebau und arbeitet mit festen Teams, deren Mitglieder entsprechend gut aufeinander eingespielt sind. Die Arbeit dieser Teams ist stets einwandfrei, nur sind sie aus irgendeinem Grund oftmals langsamer als die Konkurrenz. Der Geschäftsführer von Baufix steht vor einem Rätsel, denn selbst mit variabler Vergütung konnte er einige seiner Messebau-Teams nicht zu höherer Arbeitsgeschwindigkeit bewegen.

Jedes Team, insbesondere wenn es über einen längeren Zeitraum in fester personeller Zusammensetzung arbeitet, unterliegt einer gewissen Gruppendynamik. Aus Unternehmenssicht ist das gewollt, denn die soziale Interaktion innerhalb einer Arbeitsgruppe führt gerade bei gruppenweiser Entlohnung meistens zu einem erheblichen Druck der Gruppe auf Minderleister, ihre Arbeitsleistung zu erhöhen, damit die Gruppe die gewünschte Entlohnung erhält. Es kann jedoch auch passieren, dass die Gruppe sich auf eine suboptimale Leistung einigt und im Gegenteil die Mehrleister unter Druck setzt, ihre Arbeitsleistung zu reduzieren.

In einer Analyse der Hawthorne Experimente stellt Yunker (1993) in diesem Zusammenhang fest, »dass eine geschlossene Gruppe durch Diskussionen und anschließenden Konsens zu einer einheitlichen Meinung darüber kommen kann, wie Ereignisse in ihrer Umgebung zu bewerten seien. Eine starke Führungskraft innerhalb der Gruppe kann einen erheblichen Einfluss darauf haben, was letztlich Konsens sein wird. Die Gruppe entscheidet sich, wie sie auf die Ereignisse in ihrer Umgebung reagieren will anhand von drei Fragen: (1) Erfordert das Ereignis zusätzliche Arbeit oder irgendwelche Veränderungen in der Arbeit? (2) Können wir unsere Arbeitsweise ändern oder härter arbeiten? (3) Wiegen die in Aussicht stehenden Vorteile die Kosten der Veränderungen oder der zusätzlichen Arbeit auf? Wenn die Antwort auf alle drei Fragen ›ja‹ ist, dann wird die Gruppe sich um bessere Ergebnisse bemühen. Wenn die Antwort auf die jeweiligen Fragen ›ja‹, ›ja‹ und ›nein‹ ist, dann wird die Gruppe ihre Leistung entweder zurückfahren oder auf dem momentanen Leistungslevel verharren. Andere Kombinationen von ›ja‹-›nein‹-Antworten auf diese drei Fragen würden entweder auf gleichbleibende Leistung schließen lassen, oder keinen Sinn ergeben.«[21]

Da das Verhalten der Führungskraft einen erheblichen Einfluss darauf hat, wofür sich die Gruppe entscheidet, kommt es insbesondere darauf an, wie die Führungskraft in der Gruppe die dritte Frage für sich selbst beantworten würde: »Wiegen die in Aussicht stehenden Vorteile die Kosten der Veränderungen oder der zusätzlichen Arbeit auf?« Selbst wenn es sich bei der Führungskraft nicht um einen offiziell ernannten Vorgesetzten handelt, sondern nur um jemanden, der aus irgendwelchen Gründen viel Einfluss auf die übrigen Gruppenmitglieder hat, ist kollektive Leistungszurückhaltung der gesamten Gruppe wahrscheinlich, wenn die einflussreichste Person in der Gruppe die dritte Frage negativ beantwortet.

Was folgt nun aus der Herleitung der unterschiedlichen Motivationsprobleme? Motivation entsteht zwar definitionsgemäß aus der Aktivierung von Motiven durch Anreize. Aber es kommt darauf an, nicht einfach nur die Motive der Mitarbeiter zu aktivieren, sondern auch darauf, ganz bestimmte Motive gerade *nicht* zu aktivieren; solche nämlich, die schädlich für die Erreichung der unternehmerischen Ziele wären. Mitarbeiter müssen also nicht nur zur Mitarbeit motiviert werden, sondern in ihrem Verhalten auch zum Nutzen des Unternehmens gesteuert werden. Natürlich darf die Steuerung ihres Verhaltens nicht zum Nachteil der Mitarbeiter sein, denn das würde ihre Motivation insgesamt torpedieren. Motivierte Mitarbeit setzt voraus, dass sich die Mitarbeit für beide lohnt: den Mitarbeiter und das Unternehmen.

3.2 Motivation, nicht Manipulation und Zwang

Wenn Motivation bedeutet, die Motive von Mitarbeitern für das Unternehmen nutzbar zu machen und das Verhalten von Mitarbeitern so zu steuern, dass die geschilderten Motivationsprobleme vermieden werden, dann liegt der Schluss nahe, es ginge darum, Mitarbeiter im Interesse des Unternehmens zu manipulieren. Das ist aber keineswegs so.

Manipulation lohnt sich nicht

Der Prozess des Motivierens, die Motivierung also, ist nicht Manipulation[22] und auch nicht »methodisiertes Misstrauen«[23]. Bei der Motivierung geht es keineswegs darum, »eine behauptete oder beobachtete Lücke zwischen tatsächlicher und möglicher Arbeitsleistung«[24] zu schließen. Es geht schlicht und einfach darum, dem Mitarbeiter aus seiner Sicht akzeptable Gründe zu liefern, seine Arbeitskraft in den Dienst des Unternehmens zu stellen. Wenn Identifikation mit dem Unternehmen dabei hilft: gut. Wenn es Geld ist, oder Sicherheit, oder Anerkennung, oder was auch immer: auch gut. Man muss sich als Führungskraft allerdings die Mühe machen, diese Motive herauszufinden. Das ist der erste Schritt im Prozess der Motivierung. Der zweite Schritt ist, dem Mitarbeiter glaubhaft zu machen, dass man seine persönlichen Ziele – seine Motive – auch tatsächlich ernsthaft verfolgt. Selbstverständlich kostet das Zeit, erfahrungsgemäß sogar viel Zeit. Aber die Motivierung von Mitarbeitern und die anschließende Koordination der von den Mitarbeitern ausgeführten Tätigkeiten ist nun mal eine der Hauptaufgaben einer Führungskraft.

Es liegt natürlich nahe, Motivierung in die Nähe von Manipulation zu rücken; schon alleine, weil zwischen einem Vorgesetzten und den ihm unterstellten Mitarbeitern immer ein gewisses Informationsgefälle zu Lasten der Mitarbeiter herrscht. Der Vorgesetzte kennt die Ziele des Unternehmens im Allgemeinen früher und konkreter als seine Mitarbeiter. Aus dieser Tatsache lässt sich leicht der Schluss konstruieren, ein Vorgesetzter würde durch den Prozess der Motivierung seine Mitarbeiter manipulieren. Und wahrscheinlich wird der eine oder andere Vorgesetzte dies auch tatsächlich versuchen. Aber allein mit dem Versuch wird er ebenso scheitern, wie er mit dem Versuch scheitern würde, seine Kunden zu manipulieren.

Kurzfristig gelingt es aufgrund der unterschiedlichen Verteilung von Informationen immer, Kooperationspartner zu manipulieren, ob Kunden bei ihrer Kaufentscheidung oder Mitarbeiter bei ihrer Entscheidung zur Mitarbeit. Aber in dem Moment, in dem die Manipulation offensichtlich wird, ist das für jede Kooperationsbeziehung notwendige Vertrauen nachhaltig zerstört und der Kooperationspartner weg. Kunden beenden die Geschäftsbeziehung aufgrund ihrer meistens größeren Entscheidungsfreiheit schneller, Mitarbeiter aber nach einer kurzen Orientierungsphase auch, sofern sie nicht durch bestimmte Umstände gezwungen sind, im Unternehmen zu bleiben. Im Falle von Zwang ist Motivation jedoch sowieso nicht mehr vorhanden oder zumindest nicht erwartbar. Motivierung dient also nicht dazu, durch Manipulation Leistung aus Mitarbeitern herauszuholen, die sie ursprünglich nicht bereit waren, zur Verfügung zu stellen. Vielmehr dient sie dazu, Mitarbeiter zu überzeugen, ihre vorhandene Leistungsbereitschaft in den Dienst *dieses* Unternehmens und nicht eines anderen Unternehmens zu stellen. Denn das Verhältnis zwischen dem Unternehmen und seinen Mitarbeitern ist ein rein ökonomisches: die Mitarbeiter erhalten durch ihr Engagement im Unternehmen eine Gegenleistung von dem Unternehmen, die für sie interessant genug ist, sich tatsächlich zu engagieren.

Trotz dieses unmittelbaren Zusammenhangs von Leistung und Gegenleistung kommen empirische Untersuchungen zu Engagement und Commitment von Mitarbeitern zu eher bedenklich stimmenden Ergebnissen. Dem »Engagement Index« der Gallup Organisation beispielsweise zufolge sind »deutsche Arbeitnehmer [...] nur wenig an ihren Arbeitgeber gebunden: Fast ein Viertel (24%) der Beschäftigten in Deutschland hat innerlich bereits gekündigt. 61% machen Dienst nach Vorschrift. Nur 15% der Mitarbeiter haben eine hohe emotionale Bindung an ihren Arbeitgeber und sind bereit, sich freiwillig für dessen Ziele einzusetzen.«[25] Eine der Kernthesen dieser Studie ist die Verbindung von emotionaler Bindung an das Unternehmen mit freiwilligem Einsatz für das Unternehmen. Aber ist eine emotionale Bindung zu einem Unternehmen, an das man sich vertraglich binden musste, noch bevor man es auch nur einmal von innen gesehen hat, denkbar und vor allem erwartbar? Eine solche Forderung könnte sogar schädlich für das Funktionieren von Kooperationsbeziehungen sein, denn sie lenkt die Aufmerksamkeit weg von dem, was eigentlich zählt: die persönlichen Ziele, wegen derer man sich überhaupt für eine Mitarbeit im Unternehmen entschieden hat.

Gallups Fazit aus dem »Engagement Index« ist: »Wer sich emotional nicht an sein Unternehmen gebunden fühlt, zeigt weniger Eigeninitiative, Leistungsbereitschaft und Verantwortungsbewusstsein – und ist häufiger krank.«[26] In dieser Schlussfolgerung steckt implizit die Forderung nach ausgeprägterem emotionalem Commitment von Angestellten zum Unternehmen und damit auch zu dessen übrigen Angestellten. Dieser Anspruch ist jedoch kontraproduktiv, weil mit diesem Argument die Schuld für das oftmals schlechte Funktionieren von innerbetrieblichen Kooperationsbeziehungen auf die Persönlichkeit der Mitarbeiter verlagert wird. Denn hätten sie eine tiefere emotionale Bindung zum Unternehmen, dann würden sie sich besser engagieren, und die unternehmerischen Abläufe würden reibungsloser funktionieren, so die unterschwellige Logik. Deshalb müsste man die Mitarbeiter entwickeln und an ihrer Einstellung arbeiten. Fast scheint es, als ob es nicht darum ginge, die Mitarbeiter zu *ent*wickeln, sondern sie *ein*zuwickeln.

Richtiger wäre es, sich auf die Effizienz und Sinnhaftigkeit der Abläufe im Unternehmen zu konzentrieren, die Schnittstellen zwischen den verschiedenen Mitarbeitern zu präzisieren und dadurch das Unternehmen so zu organisieren, dass ein »homo oeconomicus« sein kann, was er ist: legitimerweise rational eigennutzmaximierend. Denn ein Unternehmen ist dann erfolgreich, wenn die zur Realisierung der Unternehmensziele notwendige innerbetriebliche Kooperation nicht wegen bestimmter Persönlichkeitseigenschaften und innerer Einstellungen von Menschen funktioniert, sondern wenn Kooperation auch dann funktioniert, wenn diese Einstellungen vollkommen fehlen.

Emotionales Commitment ist nicht an sich wichtig für den Erfolg eines Unternehmens, sondern nur dann, wenn die emotionale Bindung an das Unternehmen Teil des Motivkatalogs des betreffenden Mitarbeiters ist. Andernfalls wäre der Versuch, emotionales Commitment der Mitarbeiter zum Unternehmen aufzubauen, manipulativ und damit nicht mehr motivierend.

Zwang rächt sich

Eine wichtige Voraussetzung für alle Motivationsbestrebungen ist der Vorrang der persönlichen Ziele der Mitarbeiter vor den Unternehmenszielen. Das bedeutet aber nicht, dass die persönlichen Ziele der

Mitarbeiter etwa wichtiger wären, als die Ziele des Unternehmens. Es bedeutet lediglich, dass es wichtig ist, die Ziele der Mitarbeiter mit hoher Priorität zu realisieren, damit diese dann anschließend sich motiviert um die Ziele des Unternehmens kümmern. Auf die Reihenfolge kommt es an. Und es ist keineswegs naiv anzunehmen, dass Menschen sich weiter anstrengen, auch wenn ihre Wünsche befriedigt sind. Denn Zusammenarbeit ist ein iterativer Prozess der ununterbrochenen Ermittlung und Realisierung von Motiven, bzw. Zielen des Gegenübers und nicht ein singuläres Einmal-Geschäft. Im übrigen gilt für Menschen nicht unbedingt das gleiche wie für Löwen: satte Löwen jagen nicht. Hungrige Menschen suchen sich allerdings auf schnellstem Wege eine neue Futterstelle, und das ist nicht unbedingt im Interesse der bisherigen Futterstelle.

Den Menschen und seine Ziele mit Hilfe geeigneter Arbeitsanreize in den Mittelpunkt zu stellen, bedeutet natürlich auch, das Objekt, um dessen Mittelpunkt es sich handelt, nicht aus den Augen zu verlieren: das Unternehmen. Deshalb kann die Konsequenz aus fehlender Motivationswirkung sinnvoll gesetzter Arbeitsanreize nicht sein, die Arbeitsanreize so lange zu verändern, bis sie zwar nicht mehr dem Unternehmen dienen, aber schließlich doch irgendwann dem Mitarbeiter genehm sind. Denn Arbeitsanreize können sich nur aus den Zielen des Unternehmens ableiten und müssen bei allen individuellen, mitarbeiterbezogenen Variationsmöglichkeiten letztendlich immer noch im Interesse des Unternehmens sein.

Wenn Arbeitsanreize demotivieren, dann kann es also durchaus daran liegen, dass die Ziele eines bestimmten Mitarbeiters schlicht nicht zu den Zielen des Unternehmens passen, sei es, weil sich das Unternehmen aufgrund geänderter Marktanforderungen im Laufe der Zeit weiterentwickelt hat, oder weil sich die Wünsche eines Mitarbeiters über die Jahre verändert haben, oder ganz profan und leider nicht ganz unrealistisch: weil eine Person für die Arbeitsaufgabe gar nicht erst hätte ausgewählt werden dürfen. In jedem dieser Fälle kann es sein, dass keiner der aus Sicht des Unternehmens vernünftigen

Arbeitsanreize zur Motivation des Mitarbeiters führt und jeder Versuch der Motivierung ins Leere läuft. Der in einer solchen Situation naheliegende Versuch, die Mitarbeiter dann einfach zur Mitarbeit zu zwingen, ist jedoch auch keine Option. Denn Zwang macht Kontrolle notwendig und erhöht die Transaktionskosten des Unternehmens.

Darüber hinaus führt bereits die Vermutung von Mitarbeitern, dass das Unternehmen sie zu einem ihm genehmen Verhalten und Arbeitseinsatz zwingen will, zu Motivationsproblemen, die in ihrer ökonomischen Wirkung unkalkulierbar sind: Hold-up? Wahrscheinlich. Wortbruch? Wird von den Mitarbeitern so interpretiert. Adverse Selektion? Wahrscheinlich, wenn die Mitarbeiter es darauf anlegen. Moralisches Risiko? Bei empfundenem Zwang unausweichlich. Trittbrettfahrerei? Ja, auf Kosten des Unternehmens. Kollektive Leistungszurückhaltung? Ebenfalls wahrscheinlich, aber nicht von allen, und vor allem nicht nachweisbar.

Ziel muss es sein, Arbeitsanreize zu entwickeln, die geeignet sind, die persönlichen Motive von Mitarbeitern für das Unternehmen nutzbar zu machen, ohne Zwang auszuüben. In diesem Zusammenhang können sich sogar Investitionen in Arbeitsanreize lohnen, sofern sich damit Kontrollkosten einsparen lassen. Grundvoraussetzung ist allerdings, dass die Berücksichtigung persönlicher Ziele der Mitarbeiter auch tatsächlich zur Realisierung der unternehmerischen Ziele führt. Sollten sich Mitarbeiter dennoch wiederholt nicht entsprechend ihres persönlichen Leistungspotenzials für das Unternehmen einsetzen, dann gibt es nur eine Konsequenz: Trennung. Denn Motivierung ist nicht Selbstzweck.

3.3 Gute Egoisten? Motivation, Macht und Verantwortung

Im Prozess der Motivierung besteht die Verantwortung darin, einseitige Vorteile, die sich in Kooperationsbeziehungen immer mal wieder ergeben können, nicht zu Lasten des Gegenübers auszunutzen. Die

Gefahr, dass das dennoch passiert, ist umso größer, je mehr die Ziele des einzelnen Mitarbeiters oder einer Gruppe von Mitarbeitern von denen des Unternehmens abweichen.

Im Idealfall erreicht ein Mitarbeiter seine persönlichen Ziele nur, indem er sich für die Ziele des Unternehmens einsetzt (und umgekehrt). Aber selbst wenn dies im Allgemeinen zutrifft und der Mitarbeiter tatsächlich mit ausreichender Sicherheit annehmen kann, in Bezug auf die Erreichung seiner persönlichen Ziele in der richtigen Firma und im richtigen Job zu sein, so heißt das noch lange nicht, dass seine Wünsche auch im Alltag immer mit den Anforderungen des Unternehmens an ihn korrespondieren. Wenn ein Vorgesetzter und sein Mitarbeiter oder zwei Kollegen auf der gleichen hierarchischen Ebene sich nicht auf eine gemeinsame Linie einigen können, drohen Reibungsverluste und Probleme; insbesondere Motivationsprobleme aus unterschiedlichen Zielen der Kooperationspartner.

Motivationsprobleme drohen jedoch auch bereits, wenn einer der beiden Kooperationspartner mehr Informationen hat als der andere. Denn diese Informationen könnte er zum eigenen Vorteil und zum Nachteil des Anderen ausnutzen. Nicht selten sind Informationen Machtinstrumente. Informationen, die man absichtlich zurückhält und an passender Stelle einfließen lässt, können Besprechungen beeinflussen, Abstimmungen entscheiden und sogar ganze Karrieren befördern oder vernichten. Informationsasymmetrien, also ungleiche Informationsstände der Kooperationspartner, können sich für den weniger gut informierten Partner auf vielfältige Weise nachteilig auswirken.

Aber selbst wenn sowohl die Ziele der Kooperationspartner zusammen passen als auch Informationen im Unternehmen vorbehaltlos ausgetauscht werden, drohen noch Motivationsprobleme. Denn Ziele sind nichts ohne die Macht, sie zu realisieren; und Informationen sind nichts ohne die Macht, sie auch zu nutzen. Es geht also darum, Mitarbeitern die Macht zu geben, die sie benötigen, um ihre eigenen Ziele und diejenigen Ziele, die sie auf Grund ihrer Funktion im Unternehmen umsetzen sollen, auch realisieren zu können.

Im Umgang mit Macht steckt jedoch ein erhebliches Gefahrenpotenzial, das sich auf zwei Arten zeigt: Erstens ist Macht für viele Menschen nicht nur ein Mittel, um bestimmte Zwecke zu realisieren, sondern bereits ein Zweck an sich. Das liegt vor allem daran, dass in einer arbeitsteilig organisierten und hierarchisch strukturierten Gesellschaft wie der eines Unternehmens Macht immer auch Macht über andere Menschen einschließt. Für manche Menschen scheint das eine attraktive Vorstellung zu sein.

Das zweite Gefahrenpotenzial ist jedoch noch erheblich größer, weil es nicht nur die Mitarbeiter unter falsch verstandenen Machtgefühlen eines Chefs leiden lässt, sondern das Unternehmen lähmen und sogar insgesamt gefährden kann. Macht, die einer Person als Funktionsträger in der Unternehmenshierarchie verliehen worden ist, wird gefährlich, wenn sie nicht nur zur Umsetzung der Unternehmensziele genutzt wird, sondern für eigene, private Interessen missbraucht wird.

Statusbewusstes »Elite«-Denken von Funktionsträgern in exponierter Stellung gehört in diesem Kontext zu den gefährlichsten Dingen, die einem Unternehmen passieren können, denn es bedeutet, dass persönliche Interessen über die Wünsche anderer Personen im Unternehmen und sogar über die Interessen des Unternehmens als solchem gestellt werden. Gegen derartiges Statusdenken kann das Unternehmen meistens noch nicht einmal etwas tun, weil es schwer nachweisbar ist, dass die betreffende Person ihren Status in der Organisation nicht nur genutzt hat, um Entscheidungen im Interesse des Unternehmens zu treffen, sondern dass sie ihren Status vielmehr für rein persönliche Zwecke *aus*genutzt hat.

Derart fehlgeleitetes Statusdenken gibt es in nahezu jeder Art von Organisation. In Unternehmen kommt es vor, dass sich höhere Führungskräfte auf Grund ihrer Position über Festlegungen hinwegsetzen, die eigentlich für alle gelten; sei es indem sie sich selbst Privilegien bei Hotel- oder Flugkategorien gönnen, die sie Anderen im Unternehmen verweigern, indem sie sich höherwertige Computer- oder Büroausstattungen leisten, oder ganz banal indem sie beispielsweise ohne

Rücksprache Besprechungszimmer nutzen, die durch hierarchisch unterstellte Personen eigentlich bereits anderweitig gebucht waren. Die Beispiele hierfür sind vielfältig und trotz ihrer Banalität nicht ohne Wirkung im Unternehmen, weil sie das Gerechtigkeitsempfinden der Menschen tangieren und vor allem, weil sie den »Leidtragenden« ihre Ohnmacht und darüber hinaus auch noch ihre Unwichtigkeit vor Augen führen. Denn schließlich funktioniert das Status-Spiel ja nur, weil sich niemand traut, die betreffende Führungskraft zu kritisieren.

Die Liste fehlgeleiteten Statusdenkens ließe sich beliebig erweitern. Betroffen sind nicht nur Unternehmen, sondern ebenso Banken, Kliniken, Hochschulen und nahezu jede weitere Institution.

Statusdenken setzt die eigenen Ziele über die des Unternehmens und kann daher dem Unternehmen und seinen übrigen Mitgliedern erheblich schaden. Kritisch ist dies insbesondere, weil der Verursacher kaum zur Rechenschaft gezogen werden kann – was er auch weiß –, denn die mit dem Status verbundenen Privilegien stehen ihm ja in gewisser Weise zu. Nutzt man diese Privilegien jedoch zum eigenen Vorteil und zum Schaden anderer, dann schadet man mit diesem Verhalten der gesamten Organisation.

Für die Organisation besteht die Herausforderung darin, dies zu erkennen und das Ausnutzen von statusbedingten Privilegien zu unterbinden oder zumindest spürbar zu sanktionieren, ohne die Position des Betreffenden anzugreifen. Dies kann gelingen, indem die vertikale, hierarchieorientierte Steuerung des Unternehmens überführt wird in eine horizontale Steuerung aus dem Blickwinkel der internen Kunden. Das bedeutet nicht, den Mitarbeitern einen Freibrief für alle denkbaren Wünsche auszustellen, aber ihre allgemein als legitim anerkannten Interessen müssen von allen Funktionsträgern akzeptiert und berücksichtigt werden.

Macht und der damit verbundene Status sind notwendig zur Realisierung von unternehmerischen Zielen. Sie dürfen aber nicht missbraucht werden, um persönliche Ziele gegen die Interessen des Unternehmens durchzusetzen, auch wenn außer Frage steht, dass die persönlichen Ziele der eigentliche Antrieb für persönliches Engagement sind. Unternehmen sind darauf angewiesen, individuelle Machtbestrebungen zu erkennen und gegen die von den betreffenden Mitarbeitern zu übernehmende Verantwortung abzuwägen. Denn die Bereitschaft und der Wille, Verantwortung zu übernehmen, sollte die treibende und motivierende Kraft sein und nicht die selbstverständlich auch notwendige Macht. Unter dieser Voraussetzung sind Egoisten gute, weil wertschöpfende Egoisten.

Teil 2
Warum hierarchische
Führung an Grenzen stößt

4
Auch Personalführung muss sich lohnen

Das Ergebnis von Führungsaktivitäten muss sich für alle Beteiligten lohnen. Lohnen bedeutet dabei, dass jeder seine persönlichen Ziele erreicht: der führende Vorgesetzten ebenso wie die von ihm geführten Mitarbeiter, und natürlich das Unternehmen als solches sowie seine Kunden. Dass diese Ziele nicht immer reibungslos nebeneinander stehen, ist bekannt. Deshalb ist es wichtig, das eigene Führungsverhalten an die Erfordernisse der aktuelle Situation anpassen zu können und zudem flexibel genug zu sein, um auf sich verändernde Anforderungen schnell reagieren zu können. Das sagt und schreibt sich jedoch leichter, als es in der Unternehmenspraxis umgesetzt werden kann. Denn dafür muss man als Führungskraft die verschiedensten Situationen erstens richtig einschätzen und zweitens über ein so vielfältiges Instrumentarium verfügen, dass man tatsächlich gegebenenfalls jedes Mal anders agieren und reagieren kann.

Im Lauf der Zeit sind eine ganze Reihe aufschlussreicher und aussagekräftiger Führungstheorien entwickelt worden. Der Begriff »Theorie« ist für viele Praktiker erfahrungsgemäß etwas irreführend. Theorie bedeutet in diesem Zusammenhang, dass Wissenschaftler durch Befragungen einer großen Anzahl von Führungskräften in unterschiedlichsten Unternehmen oder durch Laborexperimente, zu denen sie Testpersonen einluden, statistisch und empirisch abgesichert ermittelt haben, welches Führungsverhalten offenbar funktioniert und welches nicht. Wenn sie dabei zu unterschiedlichen Ergebnissen kommen, dann liegt das daran, dass sie die Führungstätigkeiten aus jeweils ganz verschiedenen Blickwinkeln betrachten. Dieser Umstand macht es so wichtig, möglichst viele unterschiedliche Führungstheorien zu kennen und je nach aktuellem Führungsproblem mal die eine und mal die andere anzuwenden.

Denn trotz aller Unterschiedlichkeit nicht nur der Denkrichtungen, sondern auch der Ratschläge, gibt jede Führungstheorie wichtige Hinweise darauf, was man im Umgang mit anderen Menschen innerhalb der Unternehmenshierarchie beachten sollte. Und da jede Führungstheorie einen anderen Teilaspekt der täglichen Führungspraxis beleuchtet, ist es gerade im operativen Tagesgeschäft wichtig, stets so viele von ihnen wie möglich präsent zu haben, um sie je nach aktuellem Führungsproblem anwenden zu können.

Letztlich verhält es sich mit Personalführung ebenso wie mit allen anderen wettbewerbsrelevanten Aspekten der Unternehmensführung: je umfangreicher das Führungswissen der Vorgesetzten auf allen Hierarchieebenen ist, und je professioneller Führung damit im gesamten Unternehmen ausgeübt wird, desto größer ist der Wettbewerbsvorteil. Denn der kleinste gemeinsame Nenner aller Führungstheorien ist das Ziel, durch Führung, die sich für alle Beteiligten gleichermaßen lohnt, Reibungsverluste im Unternehmen zu minimieren und die Effizienz der internen Abläufe zu steigern. Die wichtigsten Führungstheorien werden in den nächsten Kapiteln erläutert.

5
Ziel und Nutzen der klassischen Führungstheorien

Führung bedeutet, Mitarbeiter dazu zu bewegen, die Ziele des Unternehmens zu realisieren. Die Art und Weise wie Führungskräfte versuchen, dies zu erreichen, zeigt ihren persönlichen Führungsstil. Dieser wiederum ist das sichtbare Zeichen des Stellenwerts, den sie den Mitarbeitern und ihren persönlichen Interessen gegenüber den Zielen des Unternehmens zubilligen.

Grundsätzlich müssen sich Führungskräfte bei der Auswahl ihres Führungsstils zwischen *transaktionaler* und *transformationaler* Führung entscheiden. Transaktionale Führung bedeutet, den Mitarbeiter als gleichberechtigten Partner des Unternehmens wahrzunehmen, der sich frei und auch nur mit Blick auf die Realisierbarkeit seiner eigenen Ziele für die Mitarbeit im Unternehmen entscheidet. Die Zusammenarbeit ist wie eine ökonomische Transaktion gestaltet: Leistung für Gegenleistung.

Bei transformationaler Führung hingegen wird der Mitarbeiter nicht als »Geschäftspartner« des Unternehmens angesprochen und zur Mitarbeit bewegt, sondern als Mensch – als Persönlichkeit mit Emotionen, die im Interesse des Unternehmens beeinflusst werden sollen. Diesem Führungsansatz liegen die Erkenntnisse der Persönlichkeitspsychologie zugrunde, die sich damit beschäftigt, »wie und warum Individuen sich so verhalten, wie sie es tun – mit besonderem Schwerpunkt auf den Gedanken, Gefühlen und Verhaltensweisen realer Menschen.«[27] Die menschliche Persönlichkeit hat demnach acht Schlüsselaspekte, die eine Person als Individuum charakterisieren:

unbewusste Einflüsse, Ich-Kräfte aus Selbstbewusstsein, biologische Aspekte der Evolution, Konditionierungen durch das Umfeld, kognitive Interpretationen der Geschehnisse, individuelle Fähigkeiten und Neigungen, spirituelle Sinn-Fragen, und situative Interaktionen mit der Umgebung.[28] Die wissenschaftlichen Untersuchungen zu diesen Themenkomplexen geben wichtige Einblicke in die menschliche Natur und können bis zu einem gewissen Grad sicherlich die Persönlichkeit von Menschen deuten. Andererseits gibt es angesichts der Unterschiedlichkeit der gleichzeitig wirkenden Schlüsselaspekte der menschlichen Persönlichkeit »viele Möglichkeiten [...], wie das, wer wir sind und was wir tun, von Kräften außerhalb unserer Kontrolle und oft ohne unser Wissen beeinflusst wird – durch unsere Gene und unsere früheren Sozialisierungs- und Belohnungserfahrungen sowie durch unsere Gedanken und Vorlieben als auch den Anforderungen der Situation.«[29]

Angesichts dieser außerordentlichen Schwierigkeiten in der Analyse der Persönlichkeit von Menschen ist es für Führungskräfte in Unternehmen unmöglich, auch nur eine ungefähre Vorstellung von den wahren Beweggründen ihrer Mitarbeiter zu erhalten. Was Führungskräfte also in einem Menschen auslösen, wenn sie auf emotionaler Ebene an ihn und seine Einsatzbereitschaft im Unternehmen appellieren ist unkalkulierbar: »Ist es Ihnen etwa nicht wichtig, dass ...?«, »Sie wollen doch auch Teil unserer großen Familie sein ...«, »Natürlich ist das Ihre Entscheidung, aber Ihnen ist doch wohl klar, dass ... wenn ...«. Sätze wie diese sind dazu geeignet (und gedacht?), Mitarbeiter gegebenenfalls auch entgegen ihrer eigenen Ziele zu einer für das Unternehmen vorteilhaften Handlung zu bewegen, weil sie an Persönlichkeitseigenschaften (z.B. Gewissenhaftigkeit, Geselligkeit, Altruismus, Verletzbarkeit, Toleranz)[30] oder Bedürfnisse (z.B. Geselligkeitsbedürfnis, Bedürfnis nach Beachtung)[31] des betreffenden Mitarbeiters appellieren. Andererseits kann man als Führungskraft keinen dieser Aspekte der Persönlichkeit von Mitarbeitern auch nur ansatzweise kennen: die Persönlichkeitseigenschaften nicht und auch nicht die individuellen Bedürfnisse, möglich sind allenfalls Vermutungen.

Die Gefahr persönlichkeitsbedingter oder sogar psychischer Verletzungen der Mitarbeiter ist bei Führung durch Ansprache auf emotionaler Ebene daher erheblich und die Folgen in jedem Fall unkalkulierbar; insbesondere, da Führungskräfte im Normalfall keine ausgebildeten Psychologen sind.

Die psychologischen Aspekte der Kooperation im Unternehmen allgemein und insbesondere der Führung von Mitarbeitern sind ohne Zweifel wichtig. In der täglichen Interaktion mit ihren Mitarbeitern sollten sich Führungskräfte aber ausschließlich auf transaktionale Führung beschränken und es vermeiden, Mitarbeiter durch transformationale Führung zu einem bestimmten Verhalten bewegen zu wollen. Ziel kann nur die rein transaktionale Abstimmung der unternehmerischen Ziele mit den persönlichen Zielen der Mitarbeiter sein. Diese herauszufinden, ist eine wesentliche Führungsaufgabe.

Damit soll nicht die Effektivität transformationaler Führung bestritten werden. Gerade der Appell an das Gemeinschaftsgefühl eines Mitarbeiters kann ausgesprochen wirksam sein. Aufforderungen wie: »Denken Sie doch auch mal an Ihre Kollegen, ...« oder »Das Unternehmen braucht Sie doch gerade jetzt ...« zielen darauf ab, Menschen zu altruistischen Handlungen zu bewegen. Sie nötigen ihnen Verhaltensweisen ab, die anderen Personen, bzw. dem Unternehmen nützen, ohne notwendigerweise auch einen eigenen Nutzen für den Akteur bereit zu halten. Warum sind solche Appelle so wirkungsvoll? Sie sind es, weil altruistische, »externe Handlungen mitunter geeignet dazu beitragen, das eigene positive Selbstbild auszuprägen«[32]. Mögliche Schwächen im persönlichen Selbstbild könnten also für einen ökonomischen Vorteil anderer Personen oder einer Organisation ausgenutzt werden. Diese Form der Beeinflussung eines Menschen und der unmittelbaren Einflussnahme auf seine Persönlichkeit steht Führungskräften jedoch nicht zu, weil ihre Beziehung zu Mitarbeitern nicht deren Persönlichkeitsentwicklung dient, sondern einzig dem ökonomischen Zweck der beidseitigen Nutzenmaximierung. Das ist ein transaktionales Ziel, das eine ebensolche Führungsbeziehung erfordert.

Mit den unterschiedlichen Möglichkeiten, eine transaktionale Führungsbeziehung auszugestalten, beschäftigen sich mehrere, für den operativen Führungsalltag hilfreiche Führungstheorien, die in den folgenden Kapiteln vorgestellt werden. Unterteilt werden die Kapitel jedoch nicht nach den Führungstheorien und ihren Begründern, sondern nach den wesentlichen unternehmerischen Führungsproblemen, die mit ihnen gelöst werden können. Notwendig ist in diesem Sinne:

- die grundlegenden Führungsaufgaben zu ermitteln,
- das eigene Führungsverhalten zu überprüfen,
- die Fähigkeiten der Mitarbeiter zu erkennen,
- das richtige Maß zu finden,
- die Mitarbeiter als Gruppe zu führen,
- unternehmerische Veränderungen umzusetzen.

5.1 Die grundlegenden Führungsaufgaben ermitteln

Ende der 1950er Jahre gingen die sogenannten Ohio-State-Führungsstudien[33] und ähnliche Studien an der Universität von Michigan[34] der Frage nach, wie man den möglichen Konflikt zwischen den Produktivitätszielen des Unternehmens und den sozio-psychologischen Bedürfnissen der Mitarbeiter lösen kann.[35]

Bis dahin wurde erfolgreiche Führung vor allem mit bestimmten Persönlichkeitseigenschaften der Führungskräfte erklärt. Welche Eigenschaften aber für erfolgreiche Führung tatsächlich und mindestens notwendig sein sollten, war noch unklar, weil Beobachtungen zeigten, dass Führungskräfte mit ganz unterschiedlichen Verhaltensweisen erfolgreich sein konnten.

Diese Verhaltensweisen wurden in den Ohio- und Michigan-Studien empirisch untersucht. Das Ergebnis sind die beiden auch heute noch wesentlichen Dimensionen effektiven Führungsverhaltens: Mitarbeiterorientierung und Aufgabenorientierung.[36]

- *Mitarbeiterorientierung* ist ein Maß für Vertrauen, Respekt und Empathie einer Führungskraft für ihre Mitarbeiter und deren Bedürfnisse. Ein hoher Wert zeugt von offener, zugewandter Kommunikation; ein niedriger Wert von einem eher distanzierten Verhältnis. Ziel dieser Führungsdimension ist die Erzeugung von Kohäsion (Zusammenhalt) innerhalb der Arbeitsgruppe.
- *Aufgabenorientierung* zeigt, wie sehr eine Führungskraft ihre eigene Rolle aus den zu erreichenden Unternehmenszielen ableitet. Ein hoher Wert steht für die aktive Verteilung von Aufgaben und Informationen, aber auch für das Ausprobieren neuer Ideen. Ein geringer Wert signalisiert Zurückhaltung bei derartigen operativen Managementaufgaben. Ziel ist die Erzeugung von Lokomotion, also von Fortbewegung entlang der Unternehmensziele.

Üblicherweise werden die beiden Führungsdimensionen in einem Koordinatensystem dargestellt, um zu verdeutlichen, dass zwar beide Führungsdimensionen notwendige Bestandteile erfolgreicher Personalführung sind, jedoch unabhängig voneinander geplant und ausgeführt werden.

Abbildung 1: Dimensionen der Führung

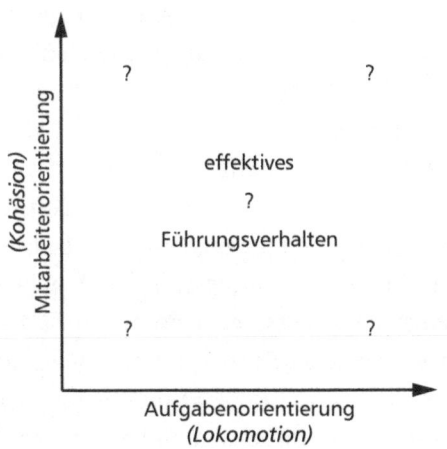

Die Frage, wie viel Mitarbeiterorientierung und wie viel Aufgabenorientierung zu den besten Führungsresultaten führt, kann nicht allgemein gültig beantwortet werden. Es kommt darauf an, mit welchen Menschen man es zu tun hat und welche unternehmerischen Aufgaben gelöst werden müssen.

Aber auch unabhängig von den zu treffenden Führungsentscheidungen hat bereits die Beschäftigung mit den Führungsdimensionen als solche Vorteile für die Führungskraft. Denn in den Entscheidungen für mehr oder weniger Mitarbeiterorientierung einerseits und mehr oder weniger Aufgabenorientierung andererseits spiegeln sich immer auch persönliche Einstellungen und Menschenbilder der entsprechenden Führungskraft. Diese zu hinterfragen initiiert den für erfolgreiche Führung notwendigen Prozess der Reflexion des eigenen Verhaltens.

5.2 Das eigene Führungsverhalten überprüfen

Ein hilfreiches Werkzeug im Bemühen um Selbstwahrnehmung und Eigenkontrolle als Führungskraft ist das Verhaltensgitter der Führung von Blake und Mouton[37]. Es unterstützt Führungskräfte bei der Analyse ihrer inneren Einstellung zu wichtigen Führungsaufgaben und damit zugleich bei der planvollen Entwicklung eines eigenen Führungsstils.

Blake und Mouton betrachten die beiden Führungsdimensionen (Aufgaben- und Mitarbeiterorientierung) nicht als zwei unterschiedliche Verhaltensweisen, die je nach Situation in jeweils unterschiedlichem Ausmaß angewendet werden. Vielmehr steht die *Kombination* der Werte auf den beiden Diagrammachsen für bestimmte persönliche Einstellungen, aus denen sich jeweils ein ganz bestimmtes Führungsverhalten ableitet. Da die Einstellungen immer von beiden Führungsdimensionen gemeinsam repräsentiert werden, heißt das Modell »Verhaltens*gitter*«.[38] Ein wesentlicher Schritt, um sich selbst als Führungskraft kennen zu lernen ist, sich die Bedeutung der möglichen Kombinationen dieser beiden Führungsdimensionen bewusst zu machen.

Abbildung 2: Verhaltensgitter der Führung nach Blake und Mouton

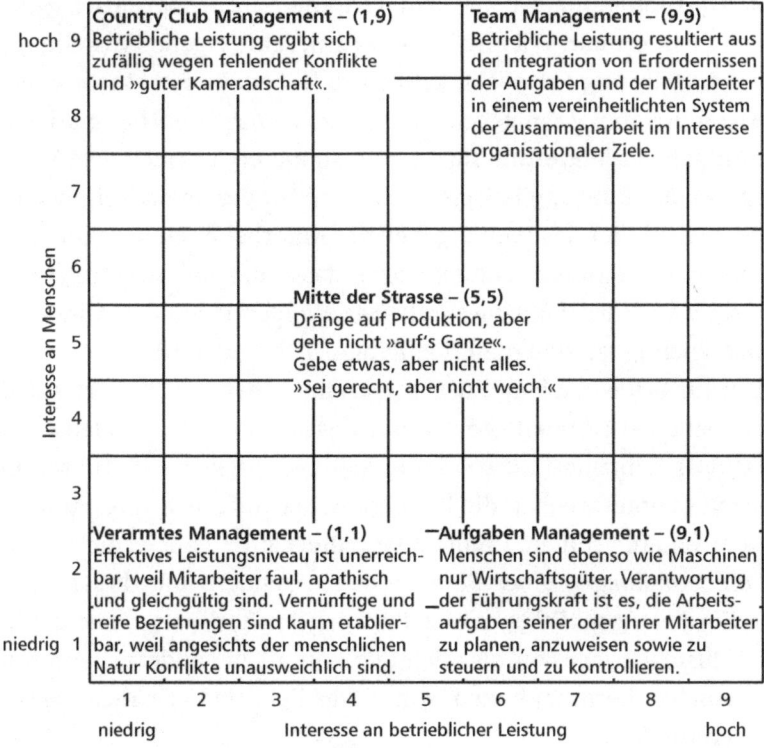

Quelle: Blake und Mouton (1975), S. 31

Reflektiert man sein eigenes Verhalten und stellt dabei beispielsweise fest, dass man vor allem Wert auf die präzise Erledigung aller den Mitarbeitern gestellten Aufgaben legt, dann ist einem ganz offensichtlich Aufgabenorientierung besonders wichtig. Stellt man jedoch fest, dass einem das Wohlergehen der Mitarbeiter besonders am Herzen liegt und man es nicht mit seinem Gewissen vereinbaren könnte, den Mitarbeitern Aufgaben zuzumuten, die nicht ihren Wünschen und Bedürfnissen entsprechen, dann spricht das für eine deutlich höhere Mitarbeiter- als Aufgabenorientierung. Blake und Mouton würden diese Einstellung und das daraus resultierende Führungsverhalten in ihrem Verhaltensgitter mit dem eher negativ besetzten Begriff des »Country-Club-Managements« belegen. Um richtig oder falsch geht es jedoch nicht primär. Wichtig ist vor allem, seine eigene Einstellung zu dem, was Führung ausmacht, kennen zu lernen. Erst in einem zweiten Schritt sollte man dann gegebenenfalls an seiner Einstellung arbeiten.

Nur Aufgabenorientierung für wichtig zu halten, ist nach dem Verhaltensgitter der Führung beispielsweise ebenso problematisch, wie sich ausschließlich auf das Wohlergehen der Mitarbeiter zu konzentrieren.

Blake und Mouton schlussfolgern, dass Führung am erfolgreichsten ist, wenn der Führungskraft das Wohlergehen der Mitarbeiter ebenso wichtig ist, wie die Erledigung der ihnen gestellten Aufgaben, und wenn beides zudem einen insgesamt hohen Stellenwert auf der persönlichen Prioritätenliste der Führungskraft hat. Das bedeutet aber nicht, dass Führungskräfte ständig Motivationsgespräche führen und zugleich ununterbrochen die Erledigung der Aufgaben ihrer Mitarbeiter kontrollieren sollten. Denn im Verhaltensgitter geht es nicht primär um die *Handlungen* einer Führungskraft, sondern um ihre persönlichen *Einstellungen*. Erkennt eine Führungskraft, dass sie eine der beiden Führungsdimension für wichtiger hält als die andere, dann sollte sie versuchen herauszufinden, woran das liegt und vor allem, was sie dagegen tun kann.

Das Verhaltensgitter der Führung sollte als Aufforderung verstanden werden, die eigene Einstellung zu überprüfen. Wenn dieser Denkprozess initiiert wurde, dann hat das Verhaltensgitter der Führung nicht nur dazu beigetragen, einen eigenen Führungsstil zu entwickeln, sondern hat möglicherweise zudem auch geholfen, diesen Führungsstil erfolgreicher zu machen.

Im Führungsalltag ist ein hohes Maß an Aufgabenorientierung meist selbstverständlich, weil die Führungskraft selbst an den Arbeitsergebnissen ihrer Mitarbeiter gemessen wird. Der Grad der Mitarbeiterorientierung ist bei Führungskräften hingegen oftmals unterschiedlicher ausgeprägt. Ursache hierfür kann das Bild sein, das die Führungskraft von ihren Mitarbeitern hat.

Jedes Menschenbild repräsentiert eine Annahme darüber, warum sich andere Mensch so verhalten, wie sie es tun. Je nach dem welche Schlussfolgerung das entsprechende Menschenbild impliziert, können die Führungsentscheidungen sehr unterschiedlich ausfallen. Die folgenden drei Menschenbild-Annahmen prägen das Verhalten von Führungskräften in besonderem Maße, aber mit unterschiedlichen Konsequenzen für ihr Entscheidungsverhalten.[39]

- *Die »product of the environment«-Annahme.* Betrachtet man Mitarbeiter als »Produkt ihrer Umgebung«, die im Laufe ihres Lebens von ihrer Umwelt und durch Erziehung unwiderruflich geprägt wurden, dann ist Mitarbeiterorientierung zwar angebracht, sofern man mit ihrem Verhalten und ihren Leistungsergebnissen einverstanden ist. Andernfalls wäre Mitarbeiterorientierung jedoch Zeitverschwendung, weil sich die Mitarbeiter sowieso nicht ändern werden. Die präzise Erledigung der gestellten Aufgaben rückt dann als Aufgabenorientierung zwangsläufig in den Vordergrund und bestimmt sowohl Einstellung als auch Verhalten der Führungskraft.
- *Die »good citizen«-Annahme.* Hat man den Eindruck, dass die Mitarbeiter sich stets bemühen, ihre Aufgaben zur Zufriedenheit ihrer Vorgesetzten zu erledigen, dann sollte die Führungskraft zur Unterstützung dieses Ansinnens Strukturen, Prozesse und Abläufe etablieren, die es den Mitarbeitern ermöglichen, ihrer Arbeit effizient und effektiv nachzugehen. Mit guten Ergebnissen können sie beweisen, dass sie in der Tat »gute Mitarbeiter« sind. Ein gewisses Maß an Mitarbeiterorientierung ist angebracht, um zu zeigen, dass man sie wahrnimmt und ihren Einsatz honoriert. Aufgabenorientierung ist vor allem auf strategischer Ebene wichtig, auf operativer Ebene jedoch nur in geringem Maße, weil die Mitarbeiter das aus eigenem Antrieb vergleichsweise selbstständig erledigen.
- *Die »happy is productive«-Annahme.* Wenn man davon ausgeht, dass Freude und Spaß an der Arbeit entscheidende Voraussetzungen für gute Arbeitsergebnisse sind, dann ist ausgeprägte Mitar-

beiterorientierung wichtig. Mit diesen emotionalen Motivatoren im Rücken, werden die Mitarbeiter die anstehenden Aufgaben aus intrinsischer Motivation selbstständig strukturieren, so dass aufgabenorientierte Führung weniger wichtig ist.

Die Überprüfung ihres persönlichen Menschenbilds in Bezug auf die Verhaltensweisen und Arbeitsergebnisse einer bestimmten Gruppe von Mitarbeitern ist für Führungskräfte ein wichtiges Korrektiv zur Objektivierung ihrer Entscheidungsfindung. Fehler in der Interpretation des Verhaltens von Mitarbeitern wegen eines nicht adäquaten Menschenbilds führen zu einer »falschen« Einstellung der Führungskraft ihren Mitarbeitern gegenüber und belasten die Zusammenarbeit durch möglicherweise demotivierende Führungsentscheidungen. Aber natürlich sind die Menschenbilder in der Tat nur Annahmen. Sie sagen etwas über das Denken der Führungskraft aus, aber nicht darüber, wie die betreffenden Menschen tatsächlich sind.

Sowohl das Verhaltensgitter der Führung als auch die Menschenbild-Annahmen unterstützen die Analyse der eigenen Einstellung und des daraus resultierenden Verhaltens als Führungskraft gegenüber Mitarbeitern. Das Verhaltensgitter mahnt, Aufgaben- und Mitarbeiterorientierung gleichermaßen ernst zu nehmen, und die Menschenbild-Annahmen ermöglichen die situationsgerechte Anwendung dieser beiden grundlegenden Führungsdimensionen.

5.3 Die Fähigkeiten der Mitarbeiter erkennen

Mit der Frage des richtigen Führungsverhaltens in unterschiedlichen Situationen beschäftigt sich die Lebenszyklustheorie der Führung (Reifegradmodell) nach Hersey und Blanchard.

Auch diese Führungstheorie stützt sich auf die beiden Führungsdimensionen »Aufgabenorientierung« und »Mitarbeiterorientierung«. Um die Führungssituation konkretisieren zu können, führen Hersey und Blanchard allerdings noch ein drittes Kriterium zur Auswahl eines geeigneten Führungsstils ein: den »aufgabenbezogenen Reifegrad« des betreffenden Mitarbeiters, den sie wie folgt definieren:

> *»Der aufgabenbezogene Reifegrad ist ein Maß für die Bereitschaft und Fähigkeit eines Mitarbeiters oder einer Gruppe, Verantwortung für die Erledigung betrieblich veranlasster Aufgaben zu übernehmen. Die Fähigkeit hängt maßgeblich von der aufgabenbezogenen Ausbildung und Erfahrung des Mitarbeiters ab, während das Lebensalter eine eher untergeordnete Rolle spielt. Es geht um das psychologische Alter und nicht um das physiologische.«*[40]

Abbildung 3: Reifegradmodell der Führung nach Hersey und Blanchard

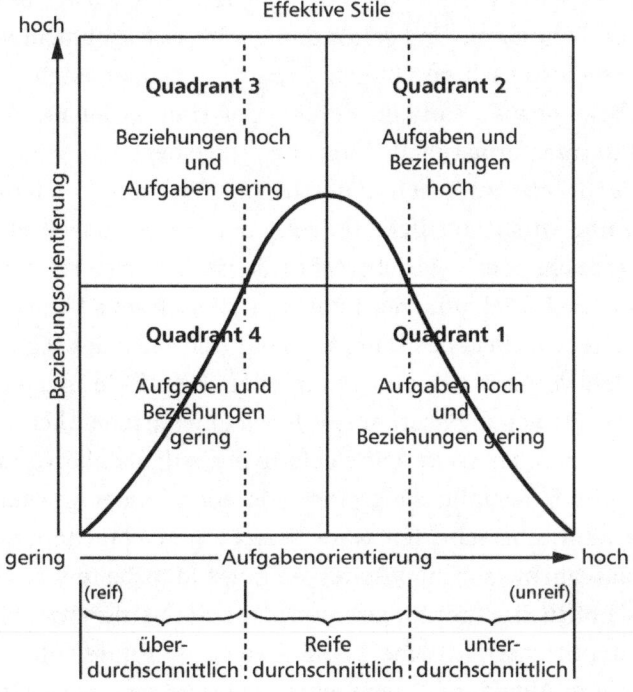

Quelle: Hersey und Blanchard (1974), S. 29

Die Lebenszyklustheorie der Führung berücksichtigt die aufgabenrelevanten Fähigkeiten und Kompetenzen eines Mitarbeiters und unterstützt Führungskräfte dabei, diese bewusst, aber auch mit der notwendigen Zurückhaltung weiterzuentwickeln. Dies darf selbstverständlich niemals einen erzieherischen Charakter bekommen, sondern muss sich stets an dem Ziel der effizienteren und effektiveren Erledigung der Aufgaben orientieren, denn weiterentwickelt wird nicht die Persönlichkeit, sondern die Arbeitsmethodik einer Person. Hersey und Blanchard sprechen daher ganz bewusst vom *aufgabenbezogenen* Reifegrad und nicht von persönlicher Reife. Selbst wenn ein Vorgesetzter bestimmte Verhaltensweisen als persönliche Schwächen des betreffenden Mitarbeiters interpretieren würde, ist es dennoch nicht seine Aufgabe, mit dem Mitarbeiter an diesen vermeintlichen Schwächen zu arbeiten; es sei denn, die Schwächen würden den betrieblichen Ablauf in erheblichem Maße behindern. Und selbst dann wäre es angebrachter, dieses Problem psychologisch geschulten Experten zu überlassen. Als Führungskraft sollte man stets im Bereich der transaktionalen Führung bleiben und transformationale Führung vermeiden.

Ob die Grenze zwischen Unterstützung bei der Erledigung von Aufgaben und versuchter Beeinflussung der Persönlichkeit eines Mitarbeiters erreicht oder sogar überschritten ist, lässt sich relativ einfach überprüfen. Im Mittelpunkt des Interesses müssen stets klar beschreibbare Ziele stehen: Ziele des Unternehmens und Ziele des Mitarbeiters. Solange sich Vorgesetzter und Mitarbeiter über Ziele und über Mittel zu deren Erreichung abstimmen, ist es unwahrscheinlich, dass die Grenze zwischen der Weiterentwicklung des aufgabenbezogenen Reifegrads und der Beeinflussung einer wie auch immer gearteten persönlichen Reife überschritten wäre. Hersey und Blanchard schlagen vor, den aufgabenbezogenen Reifegrad eines Mitarbeiters zu dritteln: in durchschnittlich, unterdurchschnittlich und überdurchschnittlich.

Bei unterdurchschnittlichem Reifegrad ist autoritäre Führung sinnvoll, wie sie in Abbildung 3 dem ersten Quadranten entspricht. Autoritär bedeutet in diesem Zusammenhang nichts anderes, als vornehmlich aufgabenorientierte Führung unter temporärer Vernachlässigung der Motivationslage des Mitarbeiters. Dieser Führungsstil ist beispielsweise für Berufsanfänger oder auch berufserfahrene Experten, die jedoch die aktuelle Tätigkeit gerade erst aufgenommen haben, empfehlenswert. Mitarbeiterorientierung ist noch nicht notwendig, weil Mitarbeiter zu Beginn ihrer Mitarbeit hochgradig intrinsisch motiviert sind. Sonst hätten sie den neuen Job gar nicht erst angetreten. Diese Führungsdimension wird in späteren Stadien ihrer Mitarbeit wichtig. Solange ihr aufgabenbezogener Reifegrad jedoch im Vergleich zu dem ihrer Kollegen noch unterdurchschnittlich ist, weil sie in ihrer neuen Tätigkeit noch nicht eingearbeitet sind, muss die Führungskraft detaillierte Anweisungen zur Abarbeitung der anstehenden Aufgaben geben. Das nennt man autoritäre Führung und ist in dieser Konstellation aus geringem aufgabenbezogenem Reifegrad und hoher intrinsischer Motivation trotz der zuweilen negativen Besetzung des Begriffs »autoritär« auch im Interesse des betreffenden Mitarbeiters.

Wenn mit zunehmender Einarbeitung der aufgabenbezogene Reifegrad des betreffenden Mitarbeiters steigt und aufgabenorientierte Führung in den Hintergrund tritt, sollte der Vorgesetzte seine dadurch frei gewordenen Führungskapazitäten für verstärkt mitarbeiterorientierte Führung einsetzen. Denn mit zunehmender Erfahrung in der aktuellen Tätigkeit stellt sich für den Mitarbeiter immer mehr die Frage, ob sein Engagement nur dem Unternehmen hilft, oder ob er hierdurch auch seine eigenen Ziele erreichen kann. Die Motive des Mitarbeiters und die Anreize zur Aktivierung der Motive im Sinne des Unternehmens werden wichtiger als Anweisung und Kontrolle der Arbeitsaufgaben. Bei durchschnittlich eingearbeiteten Mitarbeitern ist daher nach dem Reifegradmodell ein Führungsverhalten entsprechend des zweiten Quadranten empfehlenswert. Abnehmende Aufgabenorientierung wird ersetzt durch ausgeprägtere Mitarbeiterorientierung.

Beherrscht der Mitarbeiter aufgrund ausreichender Einarbeitung und Erfahrung sein Aufgabengebiet, und sind die Ziele des Mitarbeiters soweit berücksichtigt, dass seine Motivation während der anstehenden Aufgaben gesichert ist, dann kann sich die Führungskraft weitgehend zurückziehen. Sie muss immer weniger aufgaben- und mitarbeiterorientiert führen (dritter Quadrant), bis sie Aufgabenpakete vollständig delegieren kann, ohne sich um den Prozess der Erledigung überhaupt noch kümmern zu müssen (vierter Quadrant). Diese letzte Phase erreicht sicherlich nicht jeder Mitarbeiter; sei es, weil er mangels überdurchschnittlicher Kompetenzen einfach nicht selbstständig genug arbeiten kann, oder aber, weil er es vielleicht auch gar nicht möchte. Würde man jedoch Mitarbeiter, die ein überdurchschnittlich hohes Maß an aufgabenbezogener Reife besitzen, dennoch aufgabenorientiert führen, dann wäre das Ergebnis unweigerlich Demotivation, weil die Führungskraft mit ihren (gut gemeinten) Ratschlägen mangelndes Vertrauen in die Fähigkeiten des Mitarbeiters ausdrückt.

Aus Sicht der Führungskraft ist Delegation besonders erstrebenswert, weil es sie im operativen Tagesgeschäft von zeitraubenden Aufgaben entlastet. Dieser Schritt muss allerdings durch zunächst autoritäre, dann unterstützende und schließlich begleitende Führung gut vorbereitet werden. Sollten Mitarbeiter zu schnell zu viel Autonomie erhalten, könnten sie den gewährten Freiraum als Belastung empfinden. In diesem Fall kann es notwendig sein, eine durch Delegation bereits gewährte Autonomie wieder einzuschränken.

Aber auch neue Stellenprofile aus geänderten Markt- und Unternehmensanforderungen können eine Überprüfung der durch Delegation gewährten Autonomie notwendig machen. Die Entwicklung von Mitarbeitern entlang des aufgabenbezogenen Reifegrads ist keine Einbahnstraße[41] sondern eine laufende Führungsaufgabe.

Interessant ist, dass das Reifegradmodell zu ganz anderen Ergebnissen kommt als das Verhaltensgitter der Führung, obwohl es sich im Wesentlichen auf die gleiche Basis bezieht: die beiden Führungsdimensionen »Aufgabenorientierung« und »Mitarbeiterorientierung«.[42] Blake und Mouton nehmen an, dass es einen einzigen, stets optimalen Führungsstil gibt, der sich aus hoher Mitarbeiterorientierung und zugleich hoher Aufgabenorientierung zusammen setzt. Hersey und Blanchard empfehlen demgegenüber, den eigenen Führungsstil an die Führungssituation und den aufgabenbezogenen Reifegrad der Mitarbeiter anzupassen. Trotzdem widersprechen sich die beiden Führungsansätze keineswegs. Das Verhaltensgitter initiiert einen Denkprozess über die eigenen Einstellungen in Bezug auf die Mitarbeiter und damit über den eigenen Führungsstil. Das Reifegradmodell empfiehlt darauf aufbauend, sein Führungsverhalten situationsgerecht an die zu erledigenden Aufgaben und an die vorhandenen Kompetenzen der Mitarbeiter anzupassen. Angeleitet durch die Erkenntnisse des Verhaltensgitters sollte man also zunächst über die eigenen Einstellungen und Verhaltensweisen nachdenken und mit diesem Bewusstsein dann anschließend in ebenfalls bewusster Entscheidung Mitarbeiter situations- und aufgabengerecht führen. Dazu sollte man sie gedanklich von Zeit zu Zeit in das Reifegradmodell einordnen, um sie zielgerichtet einplanen und weiterentwickeln zu können; entsprechend ihrer Fähigkeiten und der aktuell anstehenden Aufgaben.

5.4 Das richtige Maß finden

Es ist nicht einfach, sich zwischen mehr oder weniger Aufgaben- und Mitarbeiterorientierung zu entscheiden und den aufgabenbezogenen Reifegrad der Mitarbeiter zu ermitteln. Denn keine dieser Entscheidungen erfolgt im luftleeren Raum. Der Zeitdruck, unter dem die Führungsentscheidungen getroffen werden müssen, kann erheblich sein, und die Mitarbeiter sind mit der Aufteilung der Arbeitsaufgaben nicht immer einverstanden. Zudem ist das Resultat einer Führungsentscheidung nur schwer vorhersehbar und der Erfolg damit keineswegs gesichert.

Umso wichtiger ist es für Führungskräfte, sich selbst und ihr Verhalten unter Druck kennen zu lernen; in Situationen also, in denen es ihnen besonders schwer fällt, ihr Verhalten zu kontrollieren und eine Rolle zu spielen. In solchen Situationen neigen manche Menschen eher zu Mitarbeiterorientierung. Sie wollen zwischenmenschliche Konflikte möglichst sofort lösen, bevor sie sich wieder um die unternehmerischen Aufgaben kümmern können. Andere Menschen konzentrieren sich in stressigen Phasen vor allem auf die ihnen gestellten Aufgaben und nehmen Konflikte mit anderen Menschen in Kauf, bis die Aufgaben erledigt sind. Erst anschließend verspüren sie wieder Zeit, sich um die Verbesserung der zwischenmenschlichen Verhältnisse zu kümmern. Welchem dieser Impulse sie folgen, lässt Rückschlüsse auf ihre Persönlichkeitsdisposition zu. Manche Menschen tendieren zu Mitarbeiterorientierung, andere eher zu Aufgabenorientierung. Die jeweils gegenteilige Verhaltensweise kann in bestimmten Situationen genauso erfolgversprechend sein. Allerdings ist es schwieriger, sie anzuwenden, wenn sie den eigenen Wesenszügen zuwider läuft.

Fiedler rät in seiner Führungstheorie[43], die eigenen persönlichkeitsbedingten Verhaltenstendenzen zu ermitteln, indem man sich stressauslösende Situationen in Erinnerung ruft. Hierfür hat er den LPC-Test entwickelt. Der LPC ist der »least preferred coworker«; der Mitarbeiter, Kollege oder Vorgesetzte also, mit dem man am meisten Schwierigkeiten hat und dessen Kooperation man deshalb am wenigsten schätzt. Ist man dennoch gezwungen, mit ihm zusammen zu arbeiten, dann wird es einem kaum gelingen, die eigenen Emotionen auszublenden. Das originäre Verhalten wird durchschimmern, und man lernt sich selbst kennen.

Beim LPC-Test soll man die Person, mit der man am wenigsten gern zusammenarbeitet, den »least preferred coworker« (LPC) also, anhand der in Abbildung 4 dargestellten bipolaren Adjektivpaaren auf einer Skala von 1 bis 8 bewerten. Die Aufgabenstellung lautet: »Denken Sie [...] an die Person, mit der Sie bei der Erledigung einer Arbeit die meisten Schwierigkeiten hatten, die Person, mit der Sie am wenigsten gut zusammenarbeiten konnten. Beschreiben Sie diese Person auf der folgenden Skala, indem Sie ein ›X‹ an die entsprechende Stelle setzen.«[44] Notieren Sie für jede Zeile den Skalenwert, der Ihrer Einschätzung nach am ehesten zutrifft, und addieren Sie anschließend die Werte.

Abbildung 4: Die LPC-Skala

Skalenwert

angenehm	8 – 7 – 6 – 5 – 4 – 3 – 2 – 1	unangenehm	___
freundlich	8 – 7 – 6 – 5 – 4 – 3 – 2 – 1	unfreundlich	___
zurückweisend	1 – 2 – 3 – 4 – 5 – 6 – 7 – 8	entgegenkommend	___
gespannt	1 – 2 – 3 – 4 – 5 – 6 – 7 – 8	entspannt	___
distanziert	1 – 2 – 3 – 4 – 5 – 6 – 7 – 8	persönlich	___
kalt	1 – 2 – 3 – 4 – 5 – 6 – 7 – 8	warm	___
unterstützend	8 – 7 – 6 – 5 – 4 – 3 – 2 – 1	feindselig	___
langweilig	1 – 2 – 3 – 4 – 5 – 6 – 7 – 8	interessant	___
streitsüchtig	1 – 2 – 3 – 4 – 5 – 6 – 7 – 8	ausgleichend	___
verdrießlich	1 – 2 – 3 – 4 – 5 – 6 – 7 – 8	heiter	___
offen	8 – 7 – 6 – 5 – 4 – 3 – 2 – 1	verschlossen	___
verleumderisch	1 – 2 – 3 – 4 – 5 – 6 – 7 – 8	loyal	___
unzuverlässig	1 – 2 – 3 – 4 – 5 – 6 – 7 – 8	zuverlässig	___
rücksichtsvoll	8 – 7 – 6 – 5 – 4 – 3 – 2 – 1	rücksichtslos	___
widerlich	1 – 2 – 3 – 4 – 5 – 6 – 7 – 8	nett	___
akzeptabel	8 – 7 – 6 – 5 – 4 – 3 – 2 – 1	nicht akzeptabel	___
unaufrichtig	1 – 2 – 3 – 4 – 5 – 6 – 7 – 8	aufrichtig	___
gefällig	8 – 7 – 6 – 5 – 4 – 3 – 2 – 1	nicht gefällig	___

Summe: ___

Quelle: Fiedler, Chemers, et al. (1979), S. 16

Die Summe aller Einzelbewertungen ist ein Indikator für den originären, natürlichen Führungsstil einer Person. Ein niedriger Wert von 57 oder weniger signalisiert ausgeprägte Aufgabenorientierung, ein hoher Wert von 64 oder mehr zeigt hohe Mitarbeiterorientierung. Fiedler erklärt das folgendermaßen:

»Ihr Wert auf der LPC-Skala dient der Beurteilung Ihres Führungsstils. Er sagt etwas über Ihre grundsätzlichen Motive bei der Arbeit aus, das heißt darüber, was Sie glauben leisten zu müssen, um mit sich selbst und mit ihrer Leistung zufrieden zu sein. Sollten Ihnen vielleicht mehrere Personen eingefallen sein, mit denen schwer zusammenzuarbeiten ist, oder wenn Ihnen niemand einfiel: diese Skala sollte die eine Person beschreiben, mit der Sie am wenigsten gerne zusammenarbeiten. Eine Führungskraft mit niedrigem LPC-Wert beschreibt den Mitarbeiter, mit

> dem er am wenigsten gerne zusammenarbeitet, in sehr negativen, ablehnenden Begriffen, wie zum Beispiel unfreundlich, verleumderisch oder kalt. Folgende Aussage charakterisiert seine Haltung den Mitarbeitern gegenüber: ‹Die Arbeit ist außerordentlich wichtig für mich. Wenn Sie also ein schlechter Mitarbeiter sind und mich in meinem Bemühen, die Arbeit zu vollenden, behindern, so werde ich Sie kaum akzeptieren können. Wenn mich Ihre Arbeit enttäuscht, so kann ich auch sonst nichts Gutes an Ihnen finden.› Dies ist eine heftige, emotionale Reaktion Leuten gegenüber, mit denen eine Person mit niedrigem LPC-Wert nicht zusammenarbeiten kann. Deshalb wird die Führungskraft mit niedrigem LPC-Wert als aufgabenmotiviert bezeichnet. Die Führungskraft mit hohem LPC-Wert sagt etwas ganz anderes: ‹Es stimmt schon, dass ich mit Ihnen nicht arbeiten kann. Das bedeutet jedoch nicht, dass Sie nicht möglicherweise freundlich, aufrichtig oder angenehm sein können.› Die Aufgabe ist wichtig, aber nicht so wichtig, dass die Person mit hohem LPC-Wert den Mitarbeiter, mit dem sie am wenigsten gerne zusammenarbeitet, als Persönlichkeit ablehnt. Die Person mit hohem LPC-Wert sagt: ‹Ich arbeite vielleicht nicht gerne mit Ihnen, es würde mir jedoch nichts ausmachen, gesellige Kontakte mit Ihnen zu pflegen.› Dieser Persönlichkeits-Typ ist eher an guten Beziehungen zu anderen Menschen interessiert. Deshalb nennen wir die Führungskraft mit hohem LPC-Wert beziehungsmotiviert. Die Gruppe, deren Punktzahl zwischen 58 und 63 liegt, ist nicht eindeutig beziehungs- oder aufgabenmotiviert. Viele Personen in dieser Gruppe mit mittlerer Punktzahl haben eine Vielzahl unterschiedlicher Motive und Ziele. Deshalb sind sie schwer zu klassifizieren.«[45]

Fiedler nutzt zur Bestimmung eines situationsgerechten Führungsverhaltens ebenso wie Hersey und Blanchard sowie Blake und Mouton die beiden grundlegenden Führungsdimensionen »Aufgabenorientierung« und »Mitarbeiterorientierung«. Es liegt nach Fiedler jedoch nicht (nur) an den Mitarbeitern, sich in die operativen Aufgaben einzuarbeiten, sondern auch an den Vorgesetzten, sich für ihre Führungsaufgaben zu qualifizieren. Er nutzt für die Auswahl eines passenden Führungsstils deshalb die folgenden drei Faktoren:

1. Qualität der Beziehung der Führungskraft zu ihren Mitarbeitern,
2. Grad der Strukturiertheit der Aufgaben,
3. Ausmaß der persönlichen Positionsmacht der Führungskraft.

Anhand dieser drei situativen Variablen beschreibt Fiedler die Günstigkeit einer Führungssituation für die Führungskraft, wobei er acht verschiedene Kombinationen der Situationsvariablen unterscheidet (vgl. Abbildung 5). Nummer 1 steht für die günstigste Führungssituation. Die Beziehungen zwischen der Führungskraft und den Mitarbeitern sind gut, und jeder weiß, was er zu tun hat. Für den Fall der Fälle wäre selbst disziplinarische Autorität vorhanden. Nummer 8 steht demgegenüber für die ungünstigste Führungssituation. Eine schlechte Beziehung zwischen dem Vorgesetztem und den Mitarbeitern sowie unklare Aufgaben machen die Führungstätigkeit schwierig, und die Situation wird durch die fehlenden Sanktionsmöglichkeiten einer Führungskraft ohne disziplinarische Autorität weiter verschärft.

Abbildung 5: Die situativen Führungsvariablen nach Fiedler

	sehr günstig			mittelmäßig günstig			ungünstig	
	1	2	3	4	5	6	7	8
Führungsbeziehung	gut	gut	gut	gut	schlecht	schlecht	schlecht	schlecht
Aufgabenstruktur	hoch	hoch	gering	gering	hoch	hoch	gering	gering
Positionsmacht	hoch	gering	hoch	gering	hoch	gering	hoch	gering

Quelle: vgl. Fiedler (1972a), S. 7

Wie erfolgreich eine Führungskraft in diesen verschiedenen Führungssituationen sein wird, hängt nach Fiedler von seiner grundlegenden, mit dem LPC-Test ermittelbaren Orientierung als Führungskraft ab.

Abbildung 6: Erfolg unterschiedlichen Führungsverhaltens nach Fiedler

	1	2	3	4	5	6	7	8
hoher LPC beziehungsmotiviert				gut	gut	etwas besser	etwas besser	
geringer LPC aufgabenmotiviert	gut	gut	gut					gut

Quelle: vgl. Fiedler (1972a), S. 9

In günstigeren Führungssituationen (Nummer 1 bis 3) ist aufgabenorientierte Führung tendenziell erfolgsversprechender. Beziehungsorientierte Führung ist in diesen Fällen nicht notwendig, weil die Harmonie innerhalb der Gruppe auch für unsichere Führungskräfte offenkundig ist. Sind die Aufgaben zudem gut strukturiert, dann ist auch die positionale Macht des Vorgesetzten unbedeutend. Nur im Falle unklarer Aufgaben (Nummer 3) ist die Autorität des Vorgesetzten notwendig, um das gesamte Team dennoch in der Spur zu halten. Der Vorgesetzte kann seine Positionsmacht einsetzen, um die Aufgaben zu strukturieren und ggf. anzuweisen, ohne dass die Mitarbeiter ihm das übel nehmen würden. In jeder dieser drei Führungssituationen kann sich die Führungskraft der Anerkennung des Teams also sicher sein. Eine Rückversicherung seines Ansehens im Team ist nicht notwendig, weil das Team angesichts der günstigen Situationsvariablen (Klima, Aufgabenstruktur, Positionsmacht) die gesteckten Ziele erreichen wird und mit diesem Ergebnis zufrieden sein kann.

Hätte der Vorgesetzte keinerlei formale disziplinarische Macht, weil er beispielsweise »nur« Projektleiter, aber nicht Abteilungsleiter ist, dann ist er bei schlecht strukturierten Aufgaben (Nummer 4)

auf ein gutes Verhältnis zu seinen Mitarbeitern angewiesen. Er sollte beziehungsorientiert führen, um sich des guten Verhältnisses zu vergewissern, oder es gegebenenfalls aufzubauen. Ähnliches gilt für die Situationen 5 bis 7.

Nur Situation 8 erfordert aufgabenorientierte Führung, weil bei schlechten Beziehungen, geringer Positionsmacht und dazu auch noch unstrukturierten Aufgaben sehr wahrscheinlich auch die Kunden dieses Teams unzufrieden sind. Die Kombination aus unstrukturierten Aufgaben und schlechtem Betriebsklima führt meistens zu suboptimalen Ergebnissen. Das wäre der falsche Moment, um die Beziehungen innerhalb des Teams zu reparieren. Zuerst müssen die Aufgaben abgearbeitet werden. Der Vorgesetzte sollte in dieser ausgesprochen ungünstigen Situation auf jeden Fall aufgabenorientiert führen. Auch ohne disziplinarische Autorität sollte er sich zumindest solange ausschließlich auf die Arbeitsergebnisse konzentrieren, bis wenigstens die Kunden wieder zufrieden sind. Anschließend kann er durch beziehungsorientierte Führung und gegebenenfalls mit Hilfe von Workshops an dem Betriebsklima im Team arbeiten.

Fiedlers Modell gibt Hinweise darauf, nach welchen situativen Kriterien Führungskräfte ihren Führungsstil auswählen sollten. Mit dem LPC-Test können sie darüber hinaus das richtige Maß an Aufgaben- und Mitarbeiterorientierung finden, ohne nur unbewusst von ihren persönlichen Präferenzen getrieben zu werden. Je weiter entfernt der notwendige von dem persönlich präferierten Führungsstil ist, desto größer wird der Aufwand sein, den ein Vorgesetzter in seiner Führungstätigkeit betreiben muss. Stimmen notwendiger und präferierter Führungsstil überein, dann ist der notwendige Aufwand minimal, weil die Führungstätigkeit vergleichsweise leicht von der Hand geht. Wichtig ist, die Führungssituation wie auch das eigene Verhalten richtig zu beurteilen. Fiedlers situative Führungsvariablen können dabei hilfreich sein.

5.5 Die Mitarbeiter als Gruppe führen

Neben allen Situationsvariablen und Kriterien für passende Führungsstile ist es wichtig zu erkennen, dass man nicht nur eine Gruppe von Mitarbeitern führt, sondern die Mitarbeiter auch als Gruppe führen muss. Ein wesentliches Kriterium hierbei ist Gerechtigkeit im Führungsverhalten gegenüber den unterschiedlichen Mitarbeitern. Diesem Thema widmet sich die Austauschtheorie der Führung.

Bei dieser Führungstheorie steht vor allem das Verhalten der Führungskraft im Mittelpunkt; dieses Mal mit Blick auf das Maß an Fairness und Gerechtigkeit gegenüber ihren Mitarbeitern. Die Austauschtheorie zeigt, dass Führungskräfte ihre Mitarbeiter oftmals unterschiedlich und dabei nicht immer gleichermaßen fair behandeln, und zwar unabhängig von deren jeweiligen Kompetenzen, Fähigkeiten und Motiven, wie das folgende Beispiel verdeutlicht:

Fallbeispiel 8: ... nicht schon wieder der!
Kennen Sie das? Sie sind gerade auf dem Weg zu einer Besprechung, als Ihnen auf dem langen Flur des Bürogebäudes noch in einiger Entfernung einer Ihrer Mitarbeiter begegnet. Es ist ausgerechnet derjenige Mitarbeiter, bei dem Sie froh waren, dass Sie ihn heute bisher nicht sehen mussten. Vermutlich suchen Sie blitzschnell nach einer Möglichkeit, noch rechtzeitig ins Treppenhaus, in den Fahrstuhl, oder wenigstens in irgendein Büro abzubiegen, bevor Sie ihn treffen. Leider klappt das aber nicht, und nachdem Sie ihn getroffen und kurz begrüßt haben, sind Sie schon stolz auf sich, dass Sie ihn bei dieser Gelegenheit nur nach den nächsten Meilensteinen in seinem Projekt gefragt haben und ob es (mal wieder) Probleme gibt, dass Sie seinen groben Fehler von letzter Woche aber nicht mehr angesprochen haben.

Einige Tage später begegnet Ihnen bei ähnlicher Gelegenheit ein anderer Mitarbeiter aus Ihrem Team. Dieses Mal handelt es sich um Ihre »Geheimwaffe«. Sie freuen sich sehr, ihn zu treffen, nicht nur, weil es Ihr bester Mitarbeiter ist, sondern auch weil es Ihnen in seinem Beisein immer so scheint, als ob es in diesem Unternehmen keine Probleme geben könnte. Sie sind zwar schon etwas spät zu Ihrer Besprechung dran, aber die Gelegenheit zu einem kurzen Gespräch über diese Riesenchance, die sich seit dem letzten Vorstandsmeeting für Ihre Abteilung ergeben hat, wollen Sie nutzen.

Eigentlich dürfen Sie Ihrem Mitarbeiter nicht erzählen, was Sie im geheimen Vorstandsprotokoll gelesen haben, aber Ihr bester Mitarbeiter wird das schon für sich behalten, und schließlich soll die »Riesenchance« ja sein Projekt werden.

Auch die Austauschtheorie fordert Führungskräfte auf, sich bewusst zu machen, welche Konsequenzen ihr Verhalten hat. Ob sie ihre Handlungen so meinen, wie diese von den Untergebenen interpretiert werden, spielt dabei keine Rolle. Entscheidend für den Führungserfolg ist einzig die Wirkung ihrer Handlungen auf die Mitarbeiter. Die Austauschtheorie der Führung zeigt, dass Mitarbeiter, die von der Führungskraft geschätzt werden, deutlich mehr Aufmerksamkeit von ihr erhalten als andere. Mit ihnen verbringen Vorgesetzte mehr Zeit, teilen ihre Informationen großzügiger und sind auch sonst offener als gegenüber Mitarbeitern, die sie aus irgend einem Grund nicht mögen.

Es ist plausibel, dass Mitarbeiter, die mehr Informationen haben und sich mit ihrem Vorgesetzten öfter austauschen können, tendenziell bessere Ergebnisse in ihrer Arbeit erzielen, als diejenigen, die nur minimale und rein formale Aufmerksamkeit erhalten. Sie erzielen die guten Arbeitsergebnisse aber nicht, weil sie etwa höher qualifiziert und kompetenter wären, sondern schlicht, weil der Vorgesetzte sie unbewusst in seine persönliche »In-Group« einsortiert hat. Ebenso sind die anderen Mitarbeiter, die sich mit einem Minimum an Interaktion und Meinungs- oder Informationsaustausch mit ihrem Chef zufrieden geben müssen, nicht unbedingt weniger kompetent. Sie sind nur aus irgend einem, dem Chef vermutlich selbst nicht einmal bewussten Grund in dessen persönlicher »Out-Group« gelandet. Als Folge des selteneren Kontaktes zu ihrem Vorgesetzten müssen sie bei ihren Entscheidungen mit deutlich weniger Informationen auskommen und laufen daher eher Gefahr, Fehlentscheidungen zu treffen.

Als Mitglied der Out-Group des Chefs orientieren sie sich notgedrungen in Netzwerken außerhalb der eigenen Arbeitsgruppe. Zurück bleibt ein Vorgesetzter, der die Umsetzung der Zielvorgaben seines Bereichs nicht mehr gewährleisten kann und in Unkenntnis der Austauschtheorie der Führung die Ursache hierfür noch nicht einmal erahnt.

Empirische Studien zeigen, dass Vorgesetzte und ihre Untergebenen die Konsequenzen des In-Group-/Out-Group-Phänomens unterschiedlich wahrnehmen. So berichten Führungskräfte, dass sie die ihnen unterstellten Mitarbeiter immer dann auch an schwierigeren Entscheidungen beteiligen, wenn diese einerseits kompetent sind und wenn zudem ein ausgeprägtes Vertrauensverhältnis zu ihnen besteht. Diejenigen Untergebenen, die dieses Vertrauensverhältnis mit ihrem Vorgesetzten haben, berichten hingegen, dass sie an diffizilen Entscheidungen *unabhängig* von ihrer tatsächlichen Kompetenz mitwirken dürfen. Mitarbeiter, deren Verhältnis zum Vorgesetzten nicht ganz so gut ist, haben demgegenüber eher den Eindruck, dass sie das schlechte Verhältnis mit umso mehr Leistung wett machen müssen, wenn sie von ihren Vorgesetzten an schwierigen Entscheidungen beteiligt werden wollen.[46]

Diese Erkenntnisse können so manche Verhaltensweise von Mitarbeitern erklären, die Führungskräfte in Unkenntnis der Austauschtheorie als Fehlverhalten werten, weil die Arbeitsergebnisse unbefriedigend sind. Tun sie das ohne zu prüfen, ob wirklich mangelnde Kompetenz ursächlich war und nicht vielleicht die Art der Interaktion mit den betreffenden Mitarbeitern, dann fühlen diese sich mit hoher Wahrscheinlichkeit ungerecht behandelt. Anschließend suchen sie erst recht außerhalb ihrer unmittelbaren Arbeitsgruppe nach sozialen Kontakten und persönlichen Netzwerken.

Mitarbeiter beobachten ihren Vorgesetzten ununterbrochen und versuchen, heraus zu finden, wie wahrscheinlich es ist, dass sie in der aktuellen Konstellation und unter diesem Vorgesetzten ihre persönlichen Ziele realisieren können. Die Austauschtheorie legt Führungskräften nahe, sich bewusst zu machen, wie ihr eigenes Verhalten wirken kann. Ob sie die Wirkung tatsächlich so beabsichtigten, wie diese von den Untergebenen interpretiert worden ist, spielt keine Rolle. Für den Führungserfolg ist allein die Wirkung entscheidend, nicht die Intention.

Wie sehr Mitarbeiter von der Führungskraft und ihrem Verhalten abhängig sind und deshalb aus nachvollziehbaren Gründen zugleich versuchen, diese in ihrem Sinne zu beeinflussen, zeigt eine Studie, die die Austauschtheorie mit der Ressourcentheorie verbindet.[47] Diese Verbindung ist wichtig, denn wie die vorangegangenen Betrachtungen zum In-Group-/Out-Group-Phänomen schon zeigen, beschäftigt sich die Austauschtheorie der Führung vor allem mit den Beziehungsfragen von Vertrauen, gegenseitigem Respekt und empfundener Gerechtigkeit.[48] Die Auswirkungen dieser Empfindungen sind jedoch keineswegs so unkonkret, wie die begriffliche Gefühlsebene vermuten lassen könnte.

Das Out-Group-Problem kann nicht nur für die betroffenen Mitarbeiter, sondern auch für die Führungskraft selbst erhebliche Nachteile mit sich bringen. Denn je nach empfundener Wertschätzung und subjektiv erfahrener Gerechtigkeit lassen Mitarbeiter ihre Chefs von denjenigen Mitteln und Ressourcen profitieren (oder auch nicht), die sie unter ihrer Kontrolle haben. Sie entscheiden selbst, ob sie ihre Leistungsfähigkeit wirklich vollständig in den Dienst des Unternehmens stellen. Die Macht dazu verleiht ihnen ihre fachliche Expertise und ihre bis zu einem gewissen Grad immer vorhandene Autonomie in der Bearbeitung der ihnen übertragenen Aufgaben.

Die gegenseitige Abhängigkeit der Führungskraft und ihrer Mitarbeiter ist offenkundig. Aber sie äußert sich eben nicht nur in einer mehr oder weniger guten Beziehung zwischen ihnen, sondern auch ganz konkret in der Möglichkeit, an den Ressourcen des jeweils anderen teilzuhaben. Die genannte Studie macht deutlich, in welch hohem Maße auch Führungskräfte von ihren Mitarbeitern und deren Wohlwollen abhängig sind. Sie kommt unter anderem zu folgenden Ergebnissen:[49]

- Ein gutes Verhältnis zu den Mitarbeitern befördert die Karriere des Vorgesetzten.
- Mitarbeiter, zu denen die Führungskraft ein schlechteres Verhältnis hat, dürfen das Team seltener nach außen vertreten, selbst wenn sie kompetent sind und Wichtiges zu sagen hätten, weil die Führungskraft unsicher ist, was sie wohl sagen würden.
- Vorgesetzte erachten Informationen von Mitarbeitern, zu denen sie ein gutes Verhältnis haben, subjektiv als vertrauenswürdiger.
- Informationen von Mitarbeitern, zu denen die Führungskraft ein schlechteres Verhältnis hat, könnten aber, objektiv gesehen, wertvoller für sie sein, weil diese Mitarbeiter aufgrund ihrer Zugehörigkeit zur Out-Group des Vorgesetzten sich ihr Netzwerk notgedrungen anderweitig aufbauen und dort an andere und vor allem zusätzliche Informationen gelangen.
- Eine wichtige Voraussetzung für ein gutes Verhältnis zwischen Führungskraft und Mitarbeiter und damit für ein Gefühl der Zugehörigkeit ist Zuneigung. Diese kann durch spontane Warmherzigkeit, aber in formaleren Beziehungen auch durch Interesse an und Unterstützung für die persönlichen Ziele des Gegenübers gezeigt werden.

Wer als Führungskraft weiterkommen möchte, braucht das Wohlwollen nicht nur einiger ausgewählter, sondern aller an ihn berichtenden Mitarbeiter. Im Kollegenkreis gilt analog dasselbe.

5.6 Unternehmerische Veränderungen umsetzen

Die grundlegende Aufgabe jeglicher Führung in hierarchischen Organisationen ist es, Mitarbeiter dazu zu bewegen, sich aktiv und leistungsbereit um die Realisierung der Ziele des Unternehmens, bzw. der aus diesen abgeleiteten Ziele ihrer Abteilung zu kümmern. Das tun sie am ehesten, wenn sie durch die Arbeit an den unternehmerischen Zielen auch ihre eigenen Ziele realisieren können.

Was aber passiert, wenn sich die unternehmerischen Ziele plötzlich grundlegend verändern? Wenn beispielsweise sich ändernde Wettbewerbsbedingungen eine umfassende Neuorientierung des Unternehmens notwendig machen? Dann ist die Wahrscheinlichkeit groß, dass zumindest zeitweise die Ziele der Mitarbeiter nicht mehr zu der neuen Ausrichtung des Unternehmens passen. Die Folge sind Unsicherheit über die persönlich spürbaren Auswirkungen und oftmals Widerstand aus Ungewissheit bis hin zum temporären Entzug der Leistungsbereitschaft.

Zur Vermeidung derartiger Reaktionen innerhalb der Belegschaft besinnen sich viele Unternehmen, die es mit volatilen Märkten zu tun haben, doch wieder auf das Prinzip der transformationalen Führung, anstatt es bei transaktionaler Führung im Sinne eines Austausches von Leistung und Gegenleistung zu belassen. Wenn die Mitarbeiter mangels persönlicher Vorteile nicht zu überzeugen sind, versuchen Führungskräfte sie dann mit charismatischer Überzeugungskraft zu überreden. Sie versuchen, das Verhalten ihrer Mitarbeiter auch ohne eine für diese akzeptable Offerte zu transformieren, denn »transformationale Führungskräfte schärfen das Bewusstsein ihrer Mitarbeiter für die Wichtigkeit der unternehmerischen Ziele und sorgen dafür, dass sie diese unternehmerischen Ziele realisieren, indem sie ihre eigenen Interessen vernachlässigen.«[50] Das gelingt, weil charismatische Führungskräfte »Rollenmodelle für ihre Mitarbeiter [sind]. Sie werden bewundert, respektiert, und es wird ihnen vertraut. Mitarbeiter wollen sich mit ihnen identifizieren. Solche Führungskräfte sind selbstsicher, fest entschlossen, beharrlich, hoch kompetent, und bereit, Risiken einzugehen. Charisma kann als der Führungskraft von ihren Mitarbeitern zugeschriebene idealisierte Einfluss beschrieben werden.«[51] Führungskräfte sollen nach diesem Führungsansatz mit Persönlichkeit und charismatischer Überzeugungskraft auftreten, um Mitarbeiter von der Notwendigkeit der Veränderungen zu überzeugen. Das Problem ist jedoch meistens nicht, dass Mitarbeiter nicht etwa von der unternehmerischen Notwendigkeiten überzeugt wären, sondern eher, dass sie die Konsequenzen der geplanten Veränderungen für sich selbst noch nicht abschätzen können. Bedeutet beispielsweise die erstmalige Internationalisierung eines kleinen mittelständischen Unternehmens, dass die Mitarbeiter fortan täglich Englisch sprechen müssen, wozu sie sich jedoch nicht in der Lage sehen? Oder bedeutet die Restrukturierung des Unternehmens, dass sie mit ihrer Familie mehrere Hundert Kilometer weit umziehen müssen, um ihren Job nicht zu verlieren?

Wenn Mitarbeiter die Auswirkungen der unternehmerischen Veränderungen nicht abschätzen können, oder wenn die Auswirkungen negativ für sie persönlich sind, dann hilft auch charismatische Überzeugungskraft nichts. Wenn ihnen die Auswirkungen jedoch bewusst sind, und sie diese akzeptieren oder vielleicht sogar gutheißen, dann ist Charisma nicht mehr notwendig, weil die Mitarbeiter gar nicht erst von ihren eigenen Zielen abgebracht werden müssen.

Aus diesem Grund sind die wesentlichen Elemente eines erfolgreichen unternehmerischen Veränderungs-, bzw. Change-Managements nicht transformationaler, sondern *transaktionaler* Natur. Kotter beschreibt sie in seinem 8-Stufen-Prozess des Change Managements unter anderem als »Mitarbeiter befähigen« und »Schnelle Erfolge erzielen«.[52] Der Sinn kurzfristiger Erfolge ist, den Beweis zu erbringen, dass sich die Opfer, die ein Veränderungsprozess den Beteiligten immer abverlangt, lohnen.[53] Befähigte Mitarbeiter, die in der Lage sind, den Veränderungsprozess erfolgreich zu gestalten, müssen nicht charismatisch überredet werden; selbst dann nicht, wenn ihre eigenen, persönlichen Vorteile aus den Veränderungsmaßnahmen bisher nur als

Silberstreif am Horizont sichtbar sind. Der gegenseitige Nutzen aller Beteiligten ist die relevante Messgröße. Transaktionale Führung ist die geeignete Methode.

Wirklich problematisch ist, dass das charismatisch-transformationale Führungsverhalten jedoch *auch* funktioniert, denn »es hat sich herausgestellt, dass transformationale Führung in eindeutiger Beziehung sowohl zu persönlicher Identifikation mit der Führungskraft als auch zu sozialer Identifikation mit dem Arbeitsbereich steht. Dies ist ein Indiz dafür, dass transformationale Führungskräfte ihren Einfluss auf Mitarbeiter wohl dadurch ausüben, dass sie deren Gefühl von Identifikation beeinflussen.«[54] Transformational geführte Unternehmen verstehen es, ihre Mitarbeiter über emotionale Ansprache und die Aufforderung zur Identifikation mit dem Unternehmen zu Höchstleistungen zu bringen. Das sind sehr häufig Leistungen, die – dem Zweck transformationaler Führung entsprechend[55] – den eigentlichen Leistungs*willen* der Mitarbeiter übersteigen, und in vielen Fällen auch ihre Leistungs*fähigkeit*, wie angefügt werden sollte.

Identifikation appelliert an den Altruismus im Menschen, also an die Bereitschaft, sich auch gegen die eigenen Interessen für andere Menschen einzusetzen. Diese für die Gesellschaft zutiefst notwendige Eigenschaft von Menschen wird jedoch missbraucht, wenn es um die Realisierung eigennütziger Ziele einer privatwirtschaftlichen Organisation geht, und darum, ohne unmittelbare physische Not das vertraglich vereinbarte individuelle Leistungsniveau zu überschreiten.

Im Interesse ihrer Mitarbeiter, aber auch in ihrem eigenen Interesse sollten Führungskräfte der Versuchung widerstehen, ihre emotionale Macht (aus-)zu nutzen. Denn früher oder später kommt der Zeitpunkt, an dem die Mitarbeiter persönliche Bilanz ihres Engagements im Unternehmen ziehen. Und spätestens dann ist die Frage, wie viel auf der Sollseite steht und wie viel auf der Habenseite – rein transaktional.

Natürlich ist jeder Mensch bereit, temporär einem anderen Menschen oder auch der Organisation über das normale Maß hinaus zu helfen. Wenn aus der Ausnahme jedoch die Regel wird, dann ist die

Gefahr groß, dass die Kräfte der Betroffenen für diesen neuen Regelzustand nicht ausreichen. Werden sie zu Beginn dieser Phase nicht transaktional als Geschäftspartner des Unternehmens angesprochen, sondern emotional als Menschen und Angehörige der Unternehmens-»Familie«, dann können sie aus ihrem menschlichen Selbstverständnis heraus ihre Hilfe kaum verweigern. Das Ergebnis kann dauerhafte Überforderung sein, auch mit gesundheitlichen Folgen. Harrison stellt unter der Überschrift »die dunklere Seite der Leistungsorientierung« fest: »In ihrer zielstrebigen Verfolgung nobler Ziele und einer faszinierenden Aufgabe verlieren Menschen ihren Sinn für Ausgleich und Perspektive; das Ende wird kommen, an dem sich die Mittel rechtfertigen müssen. Die Gruppe oder Organisation beutet ihr Umfeld aus, und ihre Mitglieder beuten sich im Dienste der Ziele der Organisation und zum Nachteil ihrer Gesundheit und Lebensqualität bereitwillig selbst aus.«[56] Diese Gefahr ist bei transformationaler Führung besonders groß, weil Mitarbeiter hierbei von ihren eigenen Zielen abgebracht werden sollen. Das kann nicht das Ziel von Führung sein.

Veränderungen im Markt erfordern eine schnelle Reaktion des Unternehmens und damit sehr bewusste Führung der Mitarbeiter. Mit den zuvor beschriebenen Theorien transaktionaler Führung – vom Verhaltensgitter über das Reifegradmodell und den LPC-Test bis zur Austauschtheorie – gelingt dies gut. Transformationale »Tricks« sollten dann eigentlich nicht notwendig sein.

Eine Reihe weiterer Führungstheorien beschäftigt sich mit spezielleren Problemen der Personalführung: beispielsweise mit dem Thema der »verteilten Führung« unabhängig von Hierarchien[57], mit den interkulturellen Herausforderungen des Umgangs mit unterschiedlichen und vor allem kollidierenden Gruppenidentitäten[58], oder auch mit den besonderen Anforderungen an Führungskräfte auf der obersten Entscheidungsebene eines Unternehmens[59]. Diese Führungstheorien seien insbesondere höheren Führungskräften mit umfassenderer Verantwortung zum vertiefenden Studium empfohlen.

6
Warum es auch bei bester Führung zu Konflikten kommt

Eine Frage stellt sich auch nach intensiver Beschäftigung mit den Führungstheorien: Wie kann es sein, dass trotz all dieses Führungswissens Konflikte und Reibungsverluste in der Zusammenarbeit, aber auch sogar psychischer Druck in vielen Unternehmen an der Tagesordnung sind? An Unwissenheit oder Unfähigkeit der Führungskräfte liegt es nicht. Das Problem ist vielmehr, dass die Führungstheorien zwar die Kooperationsbeziehungen zwischen Vorgesetzten und ihren Mitarbeitern erklären, am Alltag der Führungskräfte damit jedoch trotzdem oftmals vorbei zielen.

Natürlich ist es eine wesentliche Aufgabe von Führungskräften, ihre Mitarbeiter zur leistungsbereiten Mitarbeit zu motivieren. Ihr Alltag wird jedoch in viel stärkerem Maße von Meetings mit Kollegen anderer Fachabteilungen, der Kontrolle von Projektabläufen, der Definition wiederkehrender Prozesse und schließlich von der Beziehungspflege mit Zulieferern und Kunden sowie allen möglichen weiteren organisatorischen Abläufen bestimmt, von reinen Managementaufgaben also. Diese Aufgaben haben mit der unmittelbaren Führung ihrer Mitarbeiter nur insofern etwas zu tun, als sie notwendige Voraussetzung dafür sind, dass die Mitarbeiter überhaupt arbeiten können.

Einerseits sind Führungskräfte also vor allem mit organisatorischen Aufgaben entlang der horizontalen Wertschöpfungskette von den Lieferanten bis zu ihren Kunden beschäftigt, andererseits beziehen sich die Ratschläge nahezu aller einschlägigen Führungstheorien vorwiegend auf die Art und Weise der hierarchisch-vertikalen Führung ihres Teams. Die alltäglichen Managementtätigkeiten entlang der horizontalen, wertschöpfungsorientierten Prozesskette klammern sie fast vollständig aus. Eine Führungskraft muss schon sehr viel Erfahrung haben, um diese beiden Welten miteinander verbinden zu können.

Abbildung 7: Zwei Führungswelten: Prozessmanagement vs. Personalführung

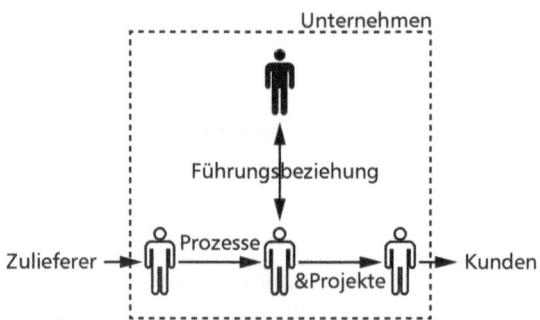

Das Problem der klassischen Führungstheorien ist die Konzentration auf den hierarchischen Aspekt der Tätigkeit von Führungskräften: auf die Art und Weise der unmittelbaren Zusammenarbeit der Führungskraft mit ihren Mitarbeitern und die Beeinflussung von deren Verhalten. Das berücksichtigt aber eben nur einen kleinen Teil der täglichen Führungsarbeit, und es stellt sich die Frage, ob die herkömmlichen Ansätze der hierarchischen, mehr oder weniger direktiven Führung von »oben« nach »unten« überhaupt noch geeignet sind, die Aufgaben in komplexen Projektstrukturen mit verschiedenen internen und immer häufiger auch unternehmensexternen Partnern zu bewältigen. Führungskräfte, die in den üblichen Schemata hierarchisch-direktiver Führung von »oben« nach »unten« handeln, sind mit der Vielzahl der Management- und Führungsaufgaben, die in immer kürzeren Zeitabständen an sie herangetragen werden, zunehmend überfordert. Das wird besonders deutlich in dem Phänomen des »downward workplace mobbing«, das bereits im Jahre 2003 in Europa für 57% und in den USA sogar für 81% aller Mobbing-Fälle verantwortlich war.[60] Ursache dieses Mobbings von oben nach unten – auch »Bossing« genannt – ist der Studie zufolge die inadäquate Reaktion von Führungskräften, die mit den Auswirkungen des hoch-dynamischen globalen Wettbewerbs auf ihr eigenes operatives Tagesgeschäft überfordert sind. Die Dynamik in den Märkten hat in den letzten Jahren allerdings eher noch zugenommen.

Ein Ausweg aus dem Problem der systemimmanenten Überforderung von Führungskräften mit den an sie gestellten Ansprüchen ist, auf das herkömmliche direktive Führungsverständnis weitgehend zu verzichten und es auch unternehmensintern durch diejenigen Mechanismen zu ersetzen, die das Unternehmen auf seinen Märkten erfolgreich sein lässt: durch Kundenorientierung auch *innerhalb* des Unternehmens, zwischen den Abteilungen und Unternehmensbereichen.

Interne Kundenorientierung ermöglicht es, die organisationalen Reibungsverluste durch inadäquat direktive Führung in komplexen und hoch volatilen Strukturen auf ein Minimum zu reduzieren. Damit eröffnet es zugleich die Chance, Führungskräfte von der Aufgabe zu entlasten, ständig betriebliche Wogen glätten zu müssen und »Hafenmauer« zu spielen, um wenigstens dem eigenen Team einigermaßen ruhiges Fahrwasser zu ermöglichen. Führung durch interne Kundenorientierung bedeutet, Organisationsstrukturen zu schaffen, die sich nahezu ohne direktive Führung weitgehend selbst steuern, weil sich die Kooperation stets für alle Beteiligten lohnt und die Mitarbeiter daher aus eigenem Interesse stets im Sinne des Unternehmens handeln.

Weil Unstimmigkeiten und Abstimmungskonflikte aber realistischer weise niemals ganz ausgeschlossen werden können, und weil in einer hierarchischen Organisation letztendlich immer einer die Richtung vorgeben muss, ist hierarchisch-direktive Führung sicherlich dennoch weiterhin in gewissem Maße notwendig. Die Frage ist nur, wie die Führungstätigkeit insgesamt ausgestaltet sein muss, damit sich die Mitarbeit im Unternehmen auch wirklich für alle Beteiligten lohnt. Davon handelt der dritte Teil des Buches, der sich ganz der Idee der internen Kundenorientierung und ihrer Umsetzung widmet.

Teil 3
Wie interne Kundenorientierung
hierarchische Führung ersetzt

7
Die Idee der internen Kundenorientierung

Eigentlich gibt es bereits so viele Führungstheorien, dass für jede denkbare Führungssituation ein passendes Konzept vorhanden ist. Mit ein bisschen Übung sollte die Führung von Mitarbeitern also kein großes Problem mehr sein. Und dennoch machen viele Mitarbeiter täglich schlechte Erfahrungen mit den Kooperations- und Führungsbeziehungen am Arbeitsplatz. Kollegen sind schlecht gelaunt, der Ton in Emails wird rauer, der Chef überträgt seinen Mitarbeitern einen Arbeitsauftrag nach dem anderen, obwohl die vorherigen noch lange nicht abgearbeitet sind, und von den persönlichen Zielen, die doch schließlich der Grund sind, warum man überhaupt den Job macht, ist schon lange keine Rede mehr. Zugegeben, der Chef erfragt durchaus in den jährlichen Mitarbeitergesprächen die Ziele seiner Mitarbeiter und vermittelt den Eindruck, sie auch tatsächlich berücksichtigen zu wollen. Aber eine echte Wirkung dieser Gespräche ist schon seit mehreren Jahren nicht mehr erkennbar. Nur der Druck und die Arbeitsbelastung steigen von Tag zu Tag.

So oder so ähnlich läuft das Tagesgeschäft in vielen Unternehmen ab. Aber woran liegt es, wenn Mitarbeiter ständig unzufrieden und – zumindest gefühlt – überlastet sind? Sicherlich nicht nur an schlechter Führung, denn die grundlegenden Führungsaufgaben sind mittlerweile allgemein bekannt. Führungskräfte sollen aufgabenorientiert führen. Sie sollen also für die Abarbeitung der übertragenen Aufgaben sorgen. Hierfür werden sie in irgendeiner Weise sicherlich auch den aufgabenbezogenen Reifegrad ihrer Mitarbeiter berücksichtigen, wie

Hersey und Blanchard vorschlagen. Darüber hinaus sollen Führungskräfte auch mitarbeiterorientiert führen. Die Motivation ihrer Mitarbeiter sollte ihnen zumindest nicht ganz gleichgültig sein. All diese Führungsaufgaben werden von den Führungskräften zwar mit unterschiedlicher Professionalität, aber im Allgemeinen doch zumindest nach bestem Wissen umgesetzt. An den oftmals verbesserungsfähigen Arbeitsbedingungen in den Unternehmen ändert sich meistens trotzdem kaum etwas.

Die Führungstheorien sind deswegen zwar nicht falsch, sie greifen nur zu kurz. Denn die Tätigkeiten in Unternehmen haben sich in den letzten Jahren derart beschleunigt und sind so komplex geworden, dass der Versuch hierarchischer Führung von »oben« nach »unten« scheitern muss. Dabei spielt es auch keine Rolle mehr, ob der Vorgesetzte autoritär oder delegativ führt. Der Versuch, die Dynamik in heutigen Unternehmen durch hierarchische Führung in den Griff zu bekommen, ist von vornherein zum Scheitern verurteilt, weil Führungskräfte weder alle notwendigen Informationen für eine gute Entscheidung haben können, noch über die notwendige Fachkompetenz verfügen können, die für sinnvolle Arbeitsanweisungen notwendig wäre. Dafür ist die Taktfrequenz der zu treffenden Entscheidungen einfach zu groß.

Es ist also Zeit für eine Rückbesinnung auf das Wesentliche. Worauf es ankommt, ist einzig und allein die Zufriedenheit der Kunden. Das ist für sich genommen noch keine Neuigkeit. Alle Unternehmen versuchen, ihre Kunden zufrieden zu stellen und wenn möglich sie durch exzellenten Service von sich zu überzeugen. Auffällig ist jedoch die Diskrepanz zwischen dem Wunsch des Unternehmens, die Kunden exzellent zu betreuen, und dem zuvor geschilderten erheblichen innerbetrieblichen Konfliktpotenzial. Ist es wirklich denkbar, dass ein Unternehmen, in dem die Mitarbeiter überlastet und unzufrieden sind, die Wünsche seiner Kunden optimal erfüllt?

Der bisher beschrittene Weg zur Auflösung dieser Diskrepanz hat ganz offensichtlich nicht funktioniert. Hierarchische Führung hat selbst in ihren professionellsten Ausprägungen mit situationsgerechter

Ansprache von Mitarbeitern unter Berücksichtigung ihrer jeweiligen aufgabenbezogenen Reifegrade und unter Vermeidung jeglicher »In- und Out-Groups« nicht die gewünschten Resultate gebracht. Das innerbetriebliche Konfliktpotenzial steigt weiter.

Der Grund dafür ist, dass die Unternehmen im Innenverhältnis zu ihren Mitarbeitern und im Außenverhältnis zu ihren Kunden mit zweierlei Maß messen. Einerseits sollen ihre Kunden zufrieden sein, andererseits erwarten sie von ihren Mitarbeitern nach Anweisung zu arbeiten. Die Mitarbeiter sind aber maßgeblich für die Zufriedenheit der Kunden verantwortlich. Kunden zufrieden zu stellen, ohne selbst zufrieden zu sein, kann nicht funktionieren. Allerdings verfügen auch deren Vorgesetzte nicht immer über die notwendigen Mittel, ihre Mitarbeiter zufrieden zu stellen. Denn gerade in Unternehmen mit mehreren Hierarchieebenen sind diese selbst meist eher Getriebene als Antreiber.

Die Lösung zur Rückbesinnung auf das Wesentliche kann nur sein, die Mitarbeiter an dem zu messen, was das Unternehmen erfolgreich macht: die Zufriedenheit der Kunden. Auch das versuchen bereits viele Unternehmen, fallen dabei aber oftmals in alte Verhaltensmuster zurück. Mitarbeiter werden mit mehr oder weniger sanftem Druck darauf hingewiesen, sich doch bitte um die Kunden zu kümmern. Das Mittel ist dabei wiederum hierarchische Führung durch die Vorgesetzten – mit dem bekannten Ergebnis.

Was die Lage oftmals noch schlimmer macht ist, dass Mitarbeiter mit direktem Kundenkontakt die Aufforderung zu besserer Kundenorientierung als Freibrief verstehen könnten, ihre Kollegen in Bereichen mit rein innerbetrieblichen Aufgaben, wie beispielsweise Entwicklung oder Einkauf, mit dem Argument unter Druck zu setzen, dass sie den Kundenwunsch repräsentieren würden und ihre Kollegen sich daher ihren Wünschen zu fügen hätten.

Das Ergebnis sind innerbetrieblicher Konflikte, die meistens auch noch über mehrere Hierarchieebenen ausgetragen werden und sicherlich nicht im Interesse der Kunden sind.

Hierarchische Führung löst das Problem nicht und die Anweisung zu mehr Kundenorientierung auch nicht. Die Lösung kann nur lauten, die Mitarbeiter selbst als Kunden des Unternehmens zu betrachten – als interne Kunden – und sie ebenso zu behandeln wie die tatsächlichen, externen Kunden. Das ist das Prinzip der internen Kundenorientierung.

Die Philosophie ist einfach: interne Kundenorientierung bedeutet, nicht nur den Kundenwunsch zu ermitteln und den Kunden gegenüber zuvorkommend aufzutreten, sondern die Mitarbeiter selbst als interne Kunden des Unternehmens und als Kunden zueinander zu betrachten und so den Kundenwunsch von Abteilung zu Abteilung durch das Unternehmen zu tragen, bis er umgesetzt und erfüllt wieder bei den externen Kunden ankommt. Da jeder Mitarbeiter immer interner Kunde mindestens eines, meist jedoch mehrerer Kollegen ist und selbst interner Zulieferer wiederum anderer Kollegen ist, sorgt das individuelle Eigeninteresse aller Beteiligten dafür, sich aktiv und leistungsbereit in dieses System aus internen Zulieferern und Kunden einzubringen. Direktive Führung ist damit nur noch in Ausnahmefällen notwendig und die Umsetzung der Kundenwünsche schon aus eigennützigen Überlegungen aller Mitarbeiter gesichert.

7.1 Selbststeuerung statt hierarchischer Führung

Wenn interne Kundenorientierung bedeutet, dass sich die Mitarbeiter des Unternehmens aus Eigeninteresse um die Erfüllung der Ziele ihrer unternehmensinternen Kunden kümmern, weil sie selbst auch als interne Kunden behandelt werden wollen, wozu sind dann Führungskräfte überhaupt noch notwendig?

Eine der zentralen Aufgaben von Führungskräften ist im Konzept der internen Kundenorientierung die Verknüpfung der Interessen der Mitarbeiter und Abteilungen, für die sie verantwortlich sind, mit denen der anderen Abteilungen im Unternehmen. Sie haben also eine strategische Repräsentationsfunktion und sorgen durch die Abstimmung von Aufgaben und Prozessabläufen ihres Managementbereiches mit denen der anderen Bereiche dafür, dass es gar nicht erst zu Reibungsverlusten zwischen den Abteilungen kommt. Das können die sachbearbeitenden Mitarbeiter in einer Abteilung nicht selbst tun, weil sie keine endgültige Entscheidungsbefugnis darüber besitzen, welche Aufgaben die Abteilung hat und welche nicht. Dafür sind die disziplinarisch verantwortlichen Führungskräfte unabkömmlich.

Um die anschließende operative Abarbeitung der vereinbarten Aufgaben und Abläufe kümmern sie sich im Konzept der internen Kundenorientierung allerdings nicht mehr. Das ist allein Aufgabe der ihnen unterstellten Mitarbeiter, die sich selbstständig mit ihren internen Kunden aus den in der Wertschöpfungskette des Unternehmens nachgelagerten Abteilungen abstimmen. Bei höheren Führungskräften und leitenden Angestellten gilt gleiches analog auf entsprechend höherer Ebene.

Allerdings stellt sich natürlich schon die Frage, wie viele Führungsebenen überhaupt noch notwendig sind, wenn die operative Abarbeitung von Aufgaben auf der sachbearbeitenden Ebene – also auf der Ebene derer, die tatsächlich mit dem Produkt und dem Produkterstellungsprozess befasst sind – selbstgesteuert und ohne nennenswerte Einmischung von Führungskräften möglich ist.

Interne Kundenorientierung wird in dem einen oder anderen Unternehmen die Anzahl der notwendigen Führungsebenen erheblich reduzieren. Denn viele der bisher als selbstverständlich hingenommenen Aufgaben von Führungskräften, die in der Praxis zum großen Teil mit Konfliktmanagement zu tun haben, fallen weg. Als Anlaufstelle für frustrierte Mitarbeiter, die sich von Kollegen in die Ecke gedrängt fühlen, sind sie nicht mehr notwendig, weil diese Form der Frustration nicht mehr auftritt. »Chef, jetzt kommt der Vertrieb wieder in letzter Sekunde an und braucht eine Kostenkalkulation bis morgen früh.« In Unternehmen mit traditionell hierarchischer Führung passiert so etwas laufend. Bei interner Kundenorientierung kann das natürlich auch vorkommen, aber es wird keine negativen Emotionen auslösen, weil jeder Mitarbeiter, der eine solche Anforderung auf den Tisch bekommt, sicher sein kann, dass – im vorliegenden Beispiel – der Vertrieb ebenfalls erst in letzter Sekunde mit der Bitte konfrontiert wurde und daher keine Schuld an dem entstandenen Zeitdruck trägt. Vermutlich kam der Zeitdruck direkt vom Kunden des Unternehmens. Warum löst der kurzfristige Wunsch des Vertriebs in klassischen Führungsverhältnissen negative Emotionen aus, nicht aber bei intern kundenorientierten Organisationen? Weil in hierarchischen Führungsformen der berechtigte Verdacht mitschwingen kann, dass die anfordernde Abteilung den Zeitdruck entweder aus Nachlässigkeit oder tatsächlich mit beispielsweise racheübender Absicht aufgebaut hat. Das Gegenteil ist nicht beweisbar, und so schaukeln sich die Auswirkungen vermeintlich negativer Erfahrung hoch.

Betrachten und behandeln Mitarbeiter ihre Kollegen jedoch als interne Kunden, weil sie darauf angewiesen sind, ebenfalls als interne Kunden behandelt zu werden, dann ist die Vermutung einer negativen Absicht nicht schlüssig und ein möglicher Konflikt zwischen den Kollegen bereits im Ansatz abgewendet. Unvollständige Informationen der internen Kooperationspartner wirken sich dann nicht mehr negativ aus.

Interne Kundenorientierung steuert sich selbst, ohne dass Führungskräfte ausgleichend oder anweisend eingreifen müssten, weil jeder Mitarbeiter im Unternehmen bemüht ist, seine in der unternehmerischen Prozesskette nachfolgenden Kollegen mit der gleichen Wertschätzung zu behandeln, wie die externen Kunden des Unternehmens. Er tut dies zwar nicht unbedingt aus altruistischer Menschenfreundlichkeit, sondern aus dem Kalkül, dass seine Kollegen, gleiches ihm gegenüber als internem Kunden ebenfalls tun. Das ist aber auch vollkommen ausreichend, weil jeder Beteiligte gleichermaßen profitiert. Da die internen Kooperationsbeziehungen oft wechselseitig sind, können die dieselben Kollegen im Prozessablauf übrigens sowohl interne Kunden als auch interne Zulieferer sein. Das erhöht die Bereitschaft zu interner Kundenorientierung zusätzlich.

7.2 Verlässlichkeit statt »nur« Vertrauen

Die Umsetzung von interner Kundenorientierung in einem Unternehmen, in dem bisher stets hierarchisch geführt wurde, birgt jedoch auch Gefahren. Weil hierarchische Druckmittel aus guten Gründen fehlen, ist es auf Freiwilligkeit und damit wohl auch auf Vertrauen zwischen den Akteuren angewiesen. Denn die Aussicht, selbst von interner Kundenorientierung zu profitieren, wenn man sich um die Realisierung der Ziele seiner internen Kunden bemüht, setzt Vertrauen in diejenigen Kollegen voraus, die das gleiche wiederum für einen selbst als internen Kunden tun sollen. Dieses Vertrauen aufzubringen fällt jedoch schwer, wenn das Verhältnis zwischen den Kollegen und Abteilungen von jahrelangen Konflikten und »Schießereien« geprägt ist, so dass jede Abteilung genügend »gute« Gründe hat, der anderen Abteilung zu misstrauen. Appelle an gegenseitiges Verständnis sind in atmosphärisch bereits gestörten Kooperationsbeziehungen nicht ausreichend. Denn jeder der Beteiligten hat meist viel Erfahrung mit gezeigtem Verständnis und enttäuschten Erwartungen an den Kooperationspartner.

An Vertrauen zu appellieren, hat also keinen Sinn. Aber jeder der Beteiligten sollte sich im Klaren darüber sein, was entgegengebrachtes Vertrauen bewirken kann: Es vereinfacht die eigene Zukunft. Denn wenn man vertraut, schließt man bestimmte zukünftige Ereignisse einfach aus dem eigenen Kalkül aus.[61] Derjenige, dem man vertraut, wird etwas, das für einen selbst schädlich sein könnte, schon nicht tun. Darauf vertraut man. Entgegengebrachtes Vertrauen macht natürlich auch verletzbar, denn gegen die Ereignisse, auf deren Nicht-Eintreten man vertraut hat, hat man sich auch nicht gewappnet. Mit Vertrauen begibt man sich also bis zu einem gewissen Grad in die Hände dessen, dem man vertraut.

Der Vorteil von Vertrauen, der die potentielle Verletzbarkeit mindestens kompensieren soll, besteht darin, dass man sich auf diese Weise sehr viel Zeit spart, da man nur noch über einen kleinen Teil dessen nachdenken muss, was in Zukunft passieren könnte. In diesem Sinne kann sich Vertrauen in die Kooperationspartner auch ökonomisch lohnen. Aber wie kann man sicherstellen, dass das bewiesene Vertrauen nicht missbraucht wird? Malik rät: »Vertraue jedem, soweit du nur kannst – und gehe dabei sehr weit, bis an die Grenze. [...] (a) Stelle jedoch sicher, dass du zu jeder Zeit erfahren wirst, wann dein Vertrauen missbraucht wird; (b) stelle weiterhin sicher, dass deine Mitarbeiter und Kollegen wissen, dass du das erfahren wirst; (c) stelle ferner sicher, dass jeder Vertrauensmissbrauchs gravierende und unausweichliche Folgen hat; (d) und stelle schließlich sicher, dass deine Mitarbeiter auch das unmissverständlich zur Kenntnis nehmen.«[62]

Kontrollierendes Vertrauen?

Vertrauen und zugleich sicherstellen, dass es nicht missbraucht wird, ist jedoch ein Widerspruch in sich. Denn Vertrauen impliziert ja gerade eine mögliche Verletzung im Falle eines Vertrauensmissbrauchs. Will man diese Verletzbarkeit von vornherein ausschließen, dann vertraut man nicht, sondern kontrolliert das Verhalten des anderen. Wie unmerklich und subtil auch immer: es ist Kontrolle und nicht Vertrauen. Kontrolle wirkt jedoch erstens demotivierend und ist zweitens in rein kooperativen, nicht-hierarchischen Beziehungen kaum möglich. Ursachen solcher Probleme können sein:[63]

1. unterschiedliche Ziele der Kooperationspartner,
2. unterschiedlicher Informationsstand,
3. unterschiedlich großer Handlungsspielraum.

Letzteres kann sich sowohl aus Machtunterschieden als auch aus einseitigen Informationsvorsprüngen ergeben. Persönliche Antipathien sollen an dieser Stelle ausgeklammert werden.

In jeder der drei Ursachen für Probleme in Kooperationsbeziehungen ist das problemverursachende Element die Macht einer Person oder einer Gruppe, sich entgegen der Interessen Anderer verhalten zu können. So werden beispielsweise Zieldivergenzen erst dann zum Problem, wenn einer der Kooperationspartner die Unterschiedlichkeit der Ziele zum eigenen Vorteil ausnutzt und so dem anderen schadet. Ebenso sind Unterschiede in der Informationsverteilung und einseitige Handlungsspielräume nicht als solche problematisch, sondern erst in der Kombination mit dem Willen und der Macht, die Unterschiede nicht nur zu nutzen, sondern auch auszunutzen. Etwas nutzen zu wollen impliziert weder eine positive noch eine negative Wirkung auf andere. Erst das Ausnutzen nimmt einen daraus für andere möglicherweise entstehenden Schaden billigend in Kauf und kann daher zum Problem in der Zusammenarbeit führen.

Das eigentliche Problem ist jedoch, dass sich derartige negative Verhaltensweisen nicht verhindern lassen. Auch in einem privatwirtschaftlichen Unternehmen ist jeder frei, sich auf die eine oder andere Weise zu verhalten. Und selbst bei klar vorgegebenen Tätigkeiten mit äußerst geringem Entscheidungsspielraum ist die tatsächliche Art und Weise der Aufgabenerledigung nicht ohne weiteres kontrollierbar, erstens weil Kontrolle Managementkapazitäten bindet, und zweitens, weil Kontrolle immer demotiviert.

Appellieren?

Es bleibt also nur, an das Verhalten jedes einzelnen zu appellieren. Das ist für Unternehmen, die daran gewöhnt sind, Aufgabenerledigung über Zielvorgaben mit mathematischer Präzision zu organisieren, eine schlechte Nachricht. Aber es gibt keine andere Möglichkeit, sofern sich die Kooperationsbeziehung in dem zuweilen engen Korridor beidseitig motivierender Zusammenarbeit bewegen soll.

Das Problem von Appellen ist, dass sie Verantwortungsbewusstsein auf Seiten des Kooperationspartners voraussetzen, es aber erfahrungsgemäß nicht ratsam ist, sich auf das Verantwortungsbewusstsein anderer Personen zu verlassen. Und auch ein psychologischer Vertrag, der von personalwirtschaftlicher Seite immer wieder ins Spiel gebracht wird, reicht nicht aus, um die notwendige Verlässlichkeit von Kooperationsbeziehungen im Unternehmen zu gewährleisten. Denn im Gegensatz zu ausgehandelten und schriftlich fixierten Verträgen ist ein psychologischer Vertrag nur eine individuelle Zusammenfassung der oftmals unausgesprochenen »Erwartungen der Mitarbeiter bezüglich ihrer Verpflichtungen (...) und ihrer Ansprüche«[64] an den Arbeitgeber oder auch an Kollegen. Damit ist ein psychologischer Vertrag nicht präzise genug, um die Kooperationsbeziehungen im Unternehmen tatsächlich auf eine verlässliche Basis zu stellen. Über das Prinzip Hoffnung einer »gefühlten«[65] Vertragserfüllung und einer »subjektiv empfundenen (...) Vorhersehbarkeit«[66] des Verhaltens eines Vertragspartners kommt der psychologische Vertrag nicht hinaus. Das reicht jedoch nicht, angesichts dessen, was auf dem Spiel steht: der unternehmerische Erfolg auf der einen Seite und die Realisierung persönlicher (Lebens-)Ziele auf der anderen Seite.

Wenn man nur appellieren kann, dann darf es sich für den anderen unter keinen Umständen lohnen, sich gegen das Interesse dessen zu verhalten, der appelliert. Konkret: ein Kunde kauft bei einem Unternehmen ein Produkt, weil das Unternehmen diesem Produkt ganz bestimmte, für den Kunden interessante Eigenschaften zugesichert hat. Selbst wenn andere Erzeugnisse aus der gleichen Produktionsreihe von unabhängigen Instituten getestet und für gut befunden worden sind, so kann er dies selbst nicht nachprüfen und muss sich daher darauf verlassen, dass auch das aktuelle, ihm vorliegende Produkt diese Eigenschaften besitzt: dass es beispielsweise keine gesundheitsgefährdenden Stoffe enthält, oder dass es nicht auf gefährliche Art und Weise montiert ist. Nachprüfen kann er das Vorhandensein dieser Eigenschaften erst während der Benutzung und auch dann nicht immer.

Um den Kunden jenseits aller Appelle an seine Bereitschaft, dem Unternehmen doch bitte zu vertrauen, von der korrekten Arbeitsweise des Unternehmens zu überzeugen, bietet es üblicherweise Garantien und Gewährleistungen an. In einigen Branchen übertreffen sich Anbieter mittlerweile mit immer längeren Garantiezeiten, weil sie wissen, dass der Appell an die eigene Vertrauenswürdigkeit ein schwaches Argument ist.

Garantie- und Gewährleistungsangebote entfalten eine so viel höhere Wirkung als alle Appelle an die Vertrauenswürdigkeit, weil im Falle eines Produktmangels innerhalb dieser Zeitspanne nicht der Kunde, sondern das Unternehmen den Schaden hat. Auf diese Weise wird sichergestellt, dass sich das entgegengebrachte Vertrauen lohnt, und dass sich eine Missachtung des den Produkteigenschaften zu Grunde liegenden Kundenwunsches nicht lohnt.

In der Beziehung zu den externen Kunden eines Unternehmens ist die Garantielösung gerade in Verbindung mit unabhängigen Institutionen für Produktprüfung ein gut funktionierendes System, um Vertrauen zu etablieren. Aber wie könnte eine Garantieerklärung aussehen, die *innerhalb* des Unternehmens Vertrauen beim internen Kunden bildet und Verantwortungsbewusstsein diesem internen Kunden gegenüber schafft? Kontrollierendes Vertrauen, das damit ja eigentlich gar nicht vertraut, ist keine Lösung.

Garantien unter Kollegen

Die wirkungsvollste Kooperationsgarantie innerhalb des Unternehmens ist Konsequenz; und zwar echte Konsequenz entsprechend der Ziele des Gegenübers, ohne Rücksicht auf die eigenen Ziele und Wünsche. Garantien zu geben bedeutet, den Schaden vom Kunden abzuwenden und auf sich selbst zu nehmen. Hierbei kommt es allerdings vor allem auf die Definition des Begriffs »Garantie« an: Garantien sind für das Gegenüber nur dann glaubhaft, wenn der Schaden bei Nichteinhaltung der zugesicherten Produkteigenschaften für denjenigen, der für den Schaden verantwortlich ist, auch tatsächlich ökonomisch bedeutsam ist. Konsequent ist nicht, wenn die Garantie dem anderen zwar hilft, einem selbst aber nicht schadet, sondern nur dann, wenn Nicht-Einhaltung auch tatsächlich zu eigenem Schaden führt. Denn

Schaden ist nur, was man selbst als Schaden betrachtet. Wenn andere Personen etwas als Schaden bezeichnen, dies für einen selbst aber nicht schädlich ist, dann ist für einen selbst auch kein Schaden entstanden, unabhängig von der Schadensinterpretation anderer. Erst tatsächlicher eigener Schaden macht das Appellieren an die Bereitschaft, doch bitte zu vertrauen, wirksam. Das erzeugt gegenüber Kunden die notwendige Konsequenz im Verhalten und sorgt auch im Innenverhältnis zwischen einem Mitarbeiter und dem Unternehmen sowie zwischen Kollegen und Abteilungen für konsequent verlässliches Wohlverhalten.

Im Innenverhältnis zwischen dem Unternehmen und seinen Mitarbeitern oder zwischen Kollegen bzw. Abteilungen ist dies natürlich etwas schwieriger umzusetzen. Denn die normalerweise geringen Exit-Kosten der Kunden des Unternehmens erhöhen die Glaubwürdigkeit einer möglichen Abwanderung zur Konkurrenz und damit das Drohpotenzial gegenüber dem Unternehmen. Die Exit-Kosten von Mitarbeitern sind jedoch erheblich höher, weil sie einen potentiellen neuen Arbeitgeber nicht testen können, ohne den jetzigen Job aufzugeben. Das macht interne Garantievereinbarungen schwieriger, aber zugleich auch umso wichtiger. Denn nichts ist schlimmer als leistungsunwillige Mitarbeiter, denen man mangelnde Leistungsbereitschaft einerseits kaum nachweisen kann und die andererseits aber auch nicht bereit sind, das Unternehmen zu verlassen.

Die wesentlichste Voraussetzung für das Funktionieren einer Kooperationsgarantie innerhalb des Unternehmens ist, sie von psychologischen Verträgen unabhängig zu machen, weil diese auf der Ebene des Appellierens und der subjektiven Empfindungen stehen bleiben. Außerdem sollte die innerbetriebliche Kooperationsgarantie im Interesse einer längerfristigen Kontinuität allgemeingültig und unabhängig von einzelnen Vorgesetzten verfasst sein.

Der gegenseitige Beweis der Kooperationsbereitschaft funktioniert am besten über die Generierung mehrerer kleinerer Ergebnisse, die vom Gegenüber als Erfolg entsprechend seiner jeweiligen Ziele betrachtet werden. Das ist eine Methode, die selbst in hochkritischen

Phasen von Unternehmenstransformationen erfolgsversprechend ist: »einplanen und generieren von kurzfristigen Erfolgen«, wie es Kotter in seinem 8-Stufen-Prozess des Change Managements nennt.[67]

Während psychologische Verträge auf emotionale Faktoren, wie Gefühle und Einstellungen, abzielen, setzen Kooperationsgarantien »nur« auf kalkulatorisches Commitment. Unter Berücksichtigung der Tatsache, dass jeder Mitarbeiter bereits einen fertigen Satz von Zielen im Kopf hat, bevor er sich überhaupt für die Mitarbeit im Unternehmen entscheidet[68], ist diese Form von Commitment nicht nur leichter zu erzeugen, sondern auf Dauer auch tragfähiger. Kalkulatorisches Commitment funktioniert folgendermaßen:

1. Ich bekomme etwas, was für mich interessant ist. Du bekommst etwas, was für Dich interessant ist.
2. Wenn ich etwas von Dir bekomme, was für mich interessant ist, dann nur, wenn Du den damit für Dich verbundenen Aufwand als Investition und nicht bloß als Kostenfaktor betrachtest.[69]
3. Bekomme ich etwas von Dir, was für mich interessant ist, dann kann ich daraus schließen, dass Du meine Position hier nicht grundlegend in Frage stellst. Denn andernfalls hättest Du ja nicht in die Kooperationsbeziehung zu mir investiert.

Letzteres ist ein gegenseitiger, immer wiederkehrender Beweis, dass man sich gegenseitig braucht. Dieses Kalkül trifft auf jede Form von Kooperation im Unternehmen zu, sei es zwischen Kollegen oder auch in Führungsbeziehungen. Kollegen investieren in die Kooperationsbeziehung zu anderen nur, wenn sie mit diesen längerfristig zusammenarbeiten wollen. Andernfalls würden sie versuchen, die betreffende Person zu meiden, und sie soweit wie möglich von der Mitarbeit auszuschließen. Vorgesetzte investieren in die Kooperationsbeziehung zu ihren Mitarbeitern nur, wenn sie sich von diesen auf längere Sicht positive Ergebnisse für ihr Team und damit für sich selbst versprechen. Andernfalls würden auch sie versuchen, die Person loszuwerden.

Der auf Grundlage des kalkulierenden Commitments erbrachte Beweis, dass man als Mitarbeiter im Unternehmen gebraucht wird, ist umso stabiler und wirksamer, von je mehr unterschiedlichen Personen er bestätigt wird. Versichern sich zwei Personen immer wieder gegenseitig, dass sie die Mitarbeit des jeweils anderen für unerlässlich halten, dann hat dies für das Unternehmen und für andere noch relativ wenig Aussagekraft. Ob auch andere Personen im Unternehmen von diesen beiden Kollegen mit der für interne Kunden notwendigen Zuvorkommenheit behandelt werden, lässt sich daraus nicht ableiten. Investieren jedoch ganz unterschiedliche Personen in die Kooperationsbeziehung zu einer bestimmten Person, dann zeigt dies deren Bedeutung für die anderen und sichert so seine Position im Unternehmen, übrigens auch gegen Willkür und »downward workplace mobbing«. Diese Schutzfunktion ist umso wichtiger, je unmittelbarer Mitarbeiter nur einer einzelnen vorgesetzten Person zuarbeiten, wie das zum Beispiel bei Assistenten der Fall ist. Auch solche Mitarbeiter stehen laufend in Kontakt mit vielen anderen Kollegen und Abteilungen. Deren Votum über ihre Arbeitsleistung kann unter Umständen der einzige Kontrapunkt zu Willkür des Vorgesetzten sein.

Erfolge eines Mitarbeiters zeigen seine Wichtigkeit für das Unternehmen. Werden einem Mitarbeiter diese Erfolge von mehreren internen Kunden unabhängig voneinander zugesprochen, dann erhöht sich die Verlässlichkeit dieser Aussagen. Davon profitiert das Unternehmen, weil es eine verlässliche Datenbasis für die Beurteilung des Wertschöpfungsbeitrags des betreffenden Mitarbeiters erhält. Aber auch der betreffende Mitarbeiter profitiert, weil er anhand konkreter Fakten selbst ermitteln kann, mit welcher Wahrscheinlichkeit das Unternehmen zu ihm halten wird. Nur bei allgemeinen Entlassungen oder bei vorzunehmender Sozialauswahl hat dies natürlich keine Bedeutung, aber sofern Entscheidungen über einzelne Personen getroffen werden, sind die Einschätzungen der unterschiedlichen Kooperationspartner dieser Person – ob Vorgesetzter oder Kollege – von großer Bedeutung und eine gute Entscheidungsgrundlage.

Derartiges Feedback, das auf konkreten Leistungsergebnissen entlang der Wertschöpfungskette basiert und außerdem formalisiert gesammelt wird, ermöglicht eine objektive und faire Leistungsauswahl unter den Mitarbeitern. Und es ermöglicht den Kollegen eines bestimmten Mitarbeiters, den Grad von dessen tatsächlicher interner Kundenorientierung und damit seine Verlässlichkeit im unternehmerischen Sinne zu bestimmen. Wurden beispielsweise seine Arbeitsergebnisse zwar von einigen Personen positiv, von mehreren anderen jedoch als eher mittelmäßig oder sogar negativ beurteilt, dann kann es um seine interne Kundenorientierung nicht gut bestellt sein. Natürlich können sub-optimale Arbeitsergebnisse immer viele Ursachen haben. Dies würde jedoch zumindest ein Großteil derjenigen Personen, die seine Arbeitsleistung einschätzen, berücksichtigen, und sie würden im Falle »höherer Gewalt« seine Arbeitsergebnisse nicht negativ beurteilen. Die Beurteilung der Arbeitsergebnisse einer Person von möglichst vielen verschiedenen Personen im Unternehmen ist also ein untrügliches Zeichen für dessen interne Kundenorientierung und zugleich Schutz der betreffenden Person vor Willkür.

7.3 Ergebnisse messen

Weil interne Kundenorientierung eine notwendige Voraussetzung für den Erfolg des Unternehmens im Markt ist, darf sie nicht nur »im Prinzip« eingeführt werden, sondern sollte konkret messbar sein. Dafür müssen aber zwei wesentliche Voraussetzungen erfüllt sein, die zwar eigentlich selbstverständlich, aber dennoch nicht immer gegeben sind.

Erstens müssen alle Unternehmensprozesse und Arbeitsabläufe inhaltlich sowie zeitlich definiert sein. Es ist nicht in jedem Fall sinnvoll, alle Abläufe schriftlich festzuhalten. Entscheidend ist nur, dass jeder Beteiligte sie kennt, und vor allem, dass Konsens unter allen Beteiligten darüber herrscht, welche Prozessschritte in welchem zeitlichen Rahmen notwendig sind. Falls Unstimmigkeiten über Inhalt oder

Dauer der Arbeitsprozesse bestehen, dann sollten diese mit Hilfe der in Kapitel 8.3 vorgestellten 3-dimensionalen Wertstromanalyse behoben werden.

Zweitens müssen Kriterien zur Bewertung der Arbeitsergebnisse der Prozessbeteiligten, der Mitarbeiter also, existieren. Solche Kriterien zu etablieren ist nicht immer einfach. Sie sind aber notwendig, damit die betreffenden Mitarbeiter wissen, welche Standards sie erfüllen müssen, um »gute Arbeit« zu leisten. Wenn sie das selbst nicht abschätzen können, weil das geforderte Leistungsergebnis nicht definiert ist, dann ist die Gefahr der Demotivation gerade der Leistungsträger groß, weil sie die Qualität ihrer Arbeit nicht belegen können, sondern auf die willkürliche Einschätzung ihrer Vorgesetzten angewiesen sind. Für Vorgesetzte ist es allerdings oftmals schwierig, die geforderten Leistungsergebnisse festzulegen, wenn die betreffenden Mitarbeiter Aufgaben bearbeiten, die nicht mit quantitativen Messgrößen, wie zum Beispiel Umsatz oder Absatz, überprüft werden können. Wie kann beispielsweise die Arbeitsleistung einer Personalreferentin im Bereich Organisations- und Personalentwicklung beurteilt werden? Umsatz, Absatz, Profitabilität oder ähnliches sind in diesem Fall keine adäquaten Messgrößen, und die Anzahl der »weiterentwickelten« Mitarbeiter im Unternehmen kann sie auch nicht unmittelbar beeinflussen. Das folgende Fallbeispiel greift dieses Problem auf und bietet eine Lösung an.

Fallbeispiel 9: Beurteilung der Arbeitsleistung ohne quantitative Messgrößen

Ein junger Mitarbeiter, der gerade zum Projektleiter ernannt wurde, meldet sich auf Geheiß seines Chefs zu einem 5-tägigen Weiterbildungskurs im Bereich Projektmanagement an, den die Abteilung für Personalentwicklung organisiert. Es handelt sich um einen unternehmensinternen Kurs, der in dem großen Konzern vielfach nachgefragt wird. Mehrere Monate lang bekommt der Mitarbeiter keinerlei Nachricht, wann der Kurs stattfinden wird. Da er bereits mit akzeptablem Erfolg als Projektleiter arbeitet, fragt er ein Jahr nach seiner Anmeldung nochmals nach – erneut ohne Erfolg, legt das Thema dann aber zu den Akten.

Da der Mitarbeiter durchaus karriereorientiert ist, bewirbt er sich kurze Zeit später privat und nebenberuflich bei einer internationalen Business School um ein MBA-Studium, wird dort akzeptiert und absolviert dieses Studium im Laufe der folgenden 2 ½ Jahre erfolgreich. Das Unternehmen schätzt dieses Engagement und beteiligt sich mit immerhin 10% an den Kosten, die der Mitarbeiter im Übrigen selbst trägt.

Nach Abschluss des MBA-Programms erhält der Mitarbeiter unabhängig davon, aber doch ziemlich unerwartet eine Email von der Abteilung für Personalentwicklung, bei der er sich vor mittlerweile mehreren Jahren um eine Projektmanagementschulung beworben hatte. In der Email fragt die in der Abteilung für Personalentwicklung verantwortliche Person an, ob der Mitarbeiter noch Interesse an dem Kurs hätte. Bisher hätte er nicht berücksichtigt werden können, weil entweder zu viele oder zu wenige Teilnehmer sich angemeldet hätten. Nun wäre aber ein Platz frei.

Der Mitarbeiter antwortet daraufhin, dass er die Projektmanagementschulung nun nicht mehr benötige, weil er in der Zwischenzeit ein MBA-Studium begonnen und abgeschlossen hätte. Die Reaktion der Personalabteilung darauf zeugt von anerkennender Überraschung. Warum er denn nichts gesagt hätte. So ein MBA-Studium sei doch was Tolles und für sein Weiterkommen im Unternehmen sicherlich wertvoll.

Das letzte Email in dieser Sache stammte von dem nun nicht mehr ganz so jungen Mitarbeiter, der die Abteilung für Personalentwicklung darauf hinweist, dass ihre Kollegen aus dem Personalbereich darüber seit Jahren Bescheid wüssten und das Studium ja sogar zum Teil finanziert hätten. Ein halbes Jahr später verließ der Mitarbeiter das Unternehmen.

Die Qualität der Arbeitsleistung ist bei vielen rein unternehmensintern tätigen Mitarbeitern kaum messbar. Hätte die Personalabteilung in obigem Fallbeispiel gute Arbeit geleistet, wenn alle Bewerber gleichzeitig zur Projektmanagementschulung zugelassen würden? Wohl kaum, denn das wäre vermutlich nicht bezahlbar. Hätte sie die Bewerbung gar nicht erst entgegen nehmen dürfen? Das ist sicherlich auch keine Lösung.

Viele Vorgesetzte scheitern bei der Festlegung von Kriterien für die Messung des Leistungsergebnisses ihrer Mitarbeiter, weil viele Tätigkeiten nicht mit quantitativ messbaren Resultaten enden, sondern wie im Beispiel der Personalentwicklung (Fallbeispiel 9) eher »weiche« Dienstleistungen sind. Trotzdem müssen auch in diesen Fällen objektive Kriterien für die Qualität der Arbeit definiert werden, denn am Ende müssen alle Aktivitäten von allen Mitarbeitern im Unternehmen einen Beitrag für den Erfolg des Unternehmens bei seinen Kunden leisten.

In solchen Fällen ist das objektivste Kriterium für die Qualität der Arbeit die Zufriedenheit der internen Kunden mit den Arbeitsergebnissen, denn diese beurteilen die Dienstleistung ausschließlich danach, ob sie ihnen für ihre eigene Arbeit nützlich war. Die internen Kunden können den Vorgesetzten solcher internen Dienstleister normalerweise per Knopfdruck Kriterien für die Messung der Leistungsergebnisse nennen – insbesondere dann, wenn sie sich über deren Arbeit schon mal geärgert haben.

Für das Unternehmen hat es noch einen weiteren Vorteil, im Falle fehlender objektiver Messgrößen wie Umsatz oder Absatz, nicht ihre Vorgesetzten alleine beurteilen zu lassen, ob ein Mitarbeiter gute oder schlechte Arbeit geleistet hat, sondern deren interne Kunden zu befragen: Vorgesetzte haben ein persönliches Interesse daran, ihre Mitarbeiter unabhängig von deren tatsächlicher Arbeitsleistung gut dastehen zu lassen, um selbst nicht in Kritik zu geraten. Eventuelle Verfehlungen ihrer Mitarbeiter würden sie allenfalls intern klären und das in vielen Fällen vermutlich auch nur, wenn die Verfehlungen allzu offensichtlich geworden sind. In Fallbeispiel 9 würde der Vorgesetzte der Abteilung für Personalentwicklung vermutlich behaupten, dass die Projektmanagementschulungen nicht anders organisiert werden konnten. Der junge Projektleiter, der die Schulung buchen wollte, hätte sich dann aber mindestens eine intensivere und seitens der Personalabteilung proaktivere Kommunikation gewünscht. Außerdem ist der Wunsch nach einer Projektmanagementschulung angesichts seiner Tätigkeit so selbstverständlich und von seinem Vorgesetzten ausdrücklich gewünscht, dass die Personalabteilung sich um Alternativen hätte bemühen müssen – so wie es gegenüber externen Kunden selbstverständlich ist. Alternativen wären beispielsweise die Empfehlung guter Fachbücher zu Projektmanagement, die Teilnahme an Tagungen zum Thema, oder auch die Vermittlung eines Kontaktes zu Gesellschaften und Verbänden für Projektmanagement. Auch interne Kunden erwarten nichts Unmögliches, aber sie erwarten Einsatz im Versuch, das legitime Problem zu lösen.

Der Unterschied zwischen der Beurteilung der Leistungsergebnisse durch Vorgesetzte und durch interne Kunden ist: Vorgesetzte befragen ihre Mitarbeiter, ob sie mehr hätten machen können und müssen sich dann notgedrungen mit der Antwort ihres Mitarbeiters zufrieden geben. Interne Kunden äußern ihre Erwartungen, und im Falle von Minderleistung des internen Dienstleisters auch ihre Enttäuschungen. Das ist die eindeutig bessere Basis, um Kriterien für die zukünftig erwartete Qualität von Arbeitsergebnissen festzulegen. Sollte es sich dabei um zwar legitime, aber dennoch zur Zeit unerfüllbare Anforderungen handeln, dann müssen die Unternehmensprozesse und Arbeitsabläufe erneut untersucht werden.

Erst wenn beides einvernehmlich festgelegt ist – die Prozesse und die Kriterien für die Qualität von Arbeitsergebnissen –, kann interne Kundenorientierung eingeführt und gemessen werden. Den Zusammenhang zwischen diesen beiden Voraussetzungen zeigt der in Abbildung 8 dargestellte und nachfolgend erläuterte Entscheidungsbaum für interne Kundenorientierung.

Abbildung 8: Entscheidungsbaum für interne Kundenorientierung

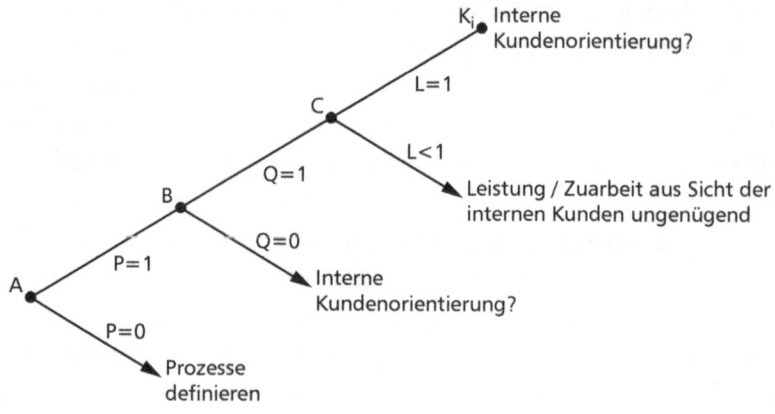

Zu treffende Entscheidungen:
A. Prozesse definiert?
B. Arbeitsaufträge und erwartete Ergebnisse festgelegt?
C. Leistungen für die internen Kunden akzeptabel?

Die Einführung interner Kundenorientierung beginnt mit der Entscheidung A. Die im Fokus stehenden unternehmerischen Prozesse können im Rahmen dieser Entscheidung als klar definiert erachtet werden (P=1), wenn die Anforderungen der internen Kunden ebenfalls klar definiert sind. Denn das sind die Kriterien, an denen die Arbeitsleistung derjenigen Kollegen gemessen wird, die für die nachfolgenden Prozessschritte verantwortlich sind. Wenn auch nur teilweise Unklarheit über die Anforderungen der internen Kunden herrscht, dann ist immer P=0; unabhängig davon, ob die betreffenden Prozesse bereits festgelegt sind.

In der anschließenden Entscheidung B wird überprüft, ob sich die Anforderungen der internen Kunden auch in den Kriterien für die Beurteilung der Arbeitsqualität widerspiegeln. Auch hierbei sind nur zwei Entscheidungszustände denkbar: Q=1 für aus Sicht der internen Kunden sinnvolle Messkriterien und Q=0 für zwar vorhandene, aber unzureichende Kriterien.

Sind beide Entscheidungen positiv ausgefallen, weil die Prozesse aus Sicht der internen Kunden klar definiert sind, und weil die Qualität der Arbeitsergebnisse der betreffenden Kollegen sinnvoll messbar ist, dann folgt mit Entscheidung C die Frage, ob die tatsächlich erbrachte Leistung den Ansprüchen der internen Kunden genügt. ($L=1$) Diese Entscheidung lässt graduelle Abstufungen zu ($L<1$), ist aber von entscheidender Bedeutung, denn der Erfolg des Unternehmens hängt letztlich davon ab, ob sich die Mitarbeiter an die vereinbarten Prozessabläufe halten und ob sie sich wirklich mit ihrer vollständigen Leistungsfähigkeit einsetzen. Das herauszufinden gelingt am ehesten, indem man ihre internen Kunden befragt. Die Vorgesetzten sind bei einer solchen Frage aus Eigeninteresse befangen.

Aber selbst ungenügende Zuarbeit mit schlechteren als den erwarteten Leistungen ($L<1$), wie in Fallbeispiel 9 geschehen, bedeutet nicht unbedingt mangelnde Kundenorientierung der betreffenden Person. Denn suboptimale Ergebnisse können auch Ursachen haben, die außerhalb des Einflussbereichs der betreffenden Person liegen. In diesem Fall hätte sich die Person dennoch ausreichend kundenorientiert verhalten, und die aus Sicht der internen Kunden unbefriedigenden Ergebnisse dürften ihr nicht angelastet werden.

Die Mängel sollten allerdings zum Anlass genommen werden, die Prozesse erneut zu überprüfen (Entscheidung A) und die Messkriterien für die Qualität der Arbeit der Person (Entscheidung B) an die verbesserten Prozesse anzupassen. Das sollte so oft wiederholt werden, bis die Zuarbeit aus Sicht der internen Kunden akzeptabel ist ($L=1$).

Berücksichtigt man die in den Entscheidungen A, B und C festgelegten Rahmenbedingungen für unbürokratische, aber verlässliche Kooperation im Unternehmen, dann ergibt sich folgende Formel zur Messung und Berechnung der internen Kundenorientierung (K_i) von Mitarbeitern.

Abbildung 9: Formel zur Berechnung der internen Kundenorientierung

$$K_i = \left\{ \sum_{n=1}^{n<\infty} [P \cdot Q \cdot (L + (1-L) \cdot a)] \right\} : n \cdot 100$$

Legende:

K_i = Grad der internen Kundenorientierung (in %)

n = Anzahl der befragten internen Kunden

P = Prozess definiert (0=nein oder 1=ja)

Q = Kriterien für die Qualität der Arbeitsergebnisse festgelegt (0=nein oder 1=ja)

L = Grad der Leistung/Zuarbeit aus Sicht der internen Kunden (von 0=minimal bis 1=maximal)

a = Ausgleichsfaktor für aktives Bemühen der Person um Ausgleich unvorhergesehener Ereignisse (von 0=minimal bis 1=maximal)

Die Summenfunktion in der Formel zeigt, dass die interne Kundenorientierung einer Person immer von mehreren anderen Personen beurteilt werden sollte, um ein objektiviertes Bild über ihr tatsächliches Verhalten zu erlangen. Die Anzahl der befragten internen Kunden darf eine jeweils festzulegende Mindestmenge nicht unterschreiten, damit die Rückmeldungen aussagekräftig sind und sich nicht Kollegen innerhalb einer Gruppe absprechen können, sich gegenseitig über die Maßen zu loben. Welche Kollegen befragt werden sollen, kann derjenige, dessen Kundenorientierung beurteilt werden soll, selbst festlegen. Da bei der Messung von interner Kundenorientierung nicht einzelne Vorgänge beurteilt werden, sondern das Verhalten der Person im Allgemeinen, wird K_i als prozentualer Mittelwert ausgegeben.

Die eigentliche Berechnung des Grads der internen Kundenorientierung einer Person erfolgt mit der Formel innerhalb der Summenfunktion. Setzt man für die Variablen P, Q, L und a Zahlen ein, so ergeben sich folgende grundsätzliche Möglichkeiten:

- Wenn P=0 oder Q=0, dann ist immer auch $K_i=0$. Denn wenn entweder die Prozesse nicht definiert sind, und/oder die Kriterien zur Bestimmung der Arbeitsqualität der Person, die kundenorientiert arbeiten soll, nicht festgelegt sind, dann ist es dem Zufall überlassen, ob die internen Kunden das bekommen, was sie für ihre eigene weitere Arbeit benötigen. Das ist ein für das Unternehmen unkalkulierbares Risiko und daher nicht akzeptabel. Unklare Prozesse und/oder unklare Arbeitsaufträge setzen die interne Kundenorientierung deswegen immer auf Null, und zwar unabhängig vom tatsächlichen Verhalten der betreffenden Person ihren internen Kunden gegenüber. Ziel muss es sein, dass Mitarbeiter nicht nur auf Anweisungen eines Vorgesetzten warten, sondern dass sie aus eigenem Interesse stets selbst überprüfen, ob die Prozesse, in die sie eingebunden sind, funktionieren und ob die Kriterien zur Beurteilung ihrer Arbeitsleistung auch dazu passen. Sollte dies nicht der Fall sein, dann werden sie aktiv für die Klärung der internen Prozessabläufe sorgen, um bei der Beurteilung ihrer internen Kundenorientierung nicht durchzufallen.
- Sofern P=1 und Q=1, wird mit L der Erfüllungsgrad der Anforderungen der internen Kunden gemessen. Das ist objektiv möglich, weil sich diese Anforderungen unmittelbar aus den abgestimmten Prozessabläufen ergeben und der betreffende Mitarbeiter mit Q daran sowieso bereits gemessen wird. Ist L=1, weil die internen Kunden bestätigen, dass die Arbeitsergebnisse ihren Erwartungen entsprochen haben, dann ist alles in Ordnung.
- Falls jedoch L<1, dann ist die Frage nach den Ursachen wichtig. Handelt es sich um unvorhersehbare äußere Einflüsse, und hat die Person, deren interne Kundenorientierung beurteilt werden soll, alles in ihrer Macht stehende getan, um dennoch das Bestmögliche für ihre internen Kunden zu leisten, dann sollten ihr die Leistungsdefizite (L) aus Sicht der internen Kunden nicht angelastet werden. Hierfür gibt es in der Formel den Ausgleichsfaktor a, der die erbrachte Leistung trotz der Defizite wieder auf L=1 setzen kann.

- Hätte der betreffende Mitarbeiter sich jedoch durchaus mehr bemühen können, die internen Kunden zufrieden zu stellen (wie in Fallbeispiel 9), dann bleiben mit a=0 die Leistungsdefizite erhalten und die interne Kundenorientierung (K_i) dieser Person ist aufgrund ihrer geringen Leistungsbereitschaft für die internen Kunden tatsächlich gering. In jedem Fall von L<1 sollten anschließend die Prozesse und Qualitätskriterien überprüft werden.

Die Implementierung von interner Kundenorientierung (K_i) ist eine gute Gelegenheit, die Professionalität der unternehmerischen Abläufe zu überprüfen, indem die einzelnen Prozessschritte vom jeweiligen Kunden ausgehend mit messbaren Ergebnissen aufeinander abgestimmt werden. Das setzt jedoch voraus, dass die Zielerreichung der Mitarbeiter auch tatsächlich messbar ist. Sollten Vorgesetzte der Ansicht sein, die Zielerreichung ihrer Mitarbeiter nicht quantifizieren zu können, dann können sie aber auch nicht beurteilen, ob die betreffenden Mitarbeiter überhaupt gute Arbeit machen. Denn auch dafür benötigt man messbare Kriterien. Sind diese nicht vorhanden, dann müssten sich die Mitarbeiter bei der Beurteilung der Qualität ihrer Arbeit auf das »Bauchgefühl« ihres Vorgesetzten verlassen; eine aus Mitarbeitersicht ausgesprochen unschöne Vorstellung.

Die Entscheidungen (A, B, C) zu Prozessdefinition, Arbeitsqualität und Leistungsgrad erhalten und fördern die proaktive Kooperation unter Kollegen. Zugleich reduzieren sie die Abhängigkeit der Mitarbeiter und des Unternehmens vom Vorhandensein des subjektiven Wohlwollens einzelner Entscheidungsträger, die zufällig an wichtigen Schnittstellen sitzen und ohne objektive Begründung den Daumen senken könnten.

Natürlich besteht bei der Festlegung von Prozessen und Abläufen die Gefahr der Überbürokratisierung des Unternehmens. Gerade in kleinen Unternehmen oder Profit Centern funktionieren viele Dinge sehr gut auf Zuruf. Man kennt sich, schätzt sich und hilft sich gegenseitig. Wenn das Unternehmen aber auch nur um fünf weitere Personen wächst, kann gerade diese Stärke zum Fluch werden. Deswegen sollten insbesondere KMUs unternehmensinterne Prozesse so etablieren, dass sie personen*unabhängig* funktionieren. Sie müssen dafür nicht unbedingt schriftlich festgehalten werden, was oftmals einen erheblichen bürokratischen Aufwand bedeuten würde und die Reaktionsgeschwindigkeit bei zukünftigen Verfahrensänderungen beeinträchtigen kann. Wichtig ist nur, dass sie transparent und quantitativ bewertbar zwischen den Beteiligten im Unternehmen abgestimmt sind. Denn die Beurteilung der internen Kundenorientierung (K_i) einer Person oder einer Gruppe von Personen muss anhand sachlicher Kriterien erfolgen. Persönliche Befindlichkeiten dürfen nicht zu schlechten oder aber unverdient guten Beurteilungen führen. Auch aus diesem Grund sollten stets mehrere Personen aus möglichst mehreren unterschiedlichen Aufgabengebieten zum Verhalten der betreffenden Person ihnen gegenüber als internen Kunden befragt werden.

Die praktische Anwendung des Entscheidungsbaums sowie der Formel zur Berechnung der internen Kundenorientierung von Mitarbeitern soll anhand der drei folgenden Praxisbeispiele verdeutlicht werden. Diese Praxisbeispiele werden auch zeigen, warum es wichtig ist, interne Kundenorientierung als Beurteilungsfaktor in die jährlichen Zielvereinbarungen der Mitarbeiter aufzunehmen.

Fallbeispiel 10: Alle sind sauer – keiner ist schuld
In einem mittelgroßen Hersteller elektronischer Konsumgüterprodukte beschwert sich der Vertrieb immer wieder, dass die technische Entwicklung und Produktion zu langsam ist, angesichts des hochdynamischen Marktes. Die Prozesse sind abgestimmt und im Prinzip weiß auch jeder Beteiligte, was er oder sie zu tun hat und worauf es ankommt. Dennoch ist der Vertrieb sauer auf seine Kollegen aus der Technik. Der Leiter der Technikabteilung nimmt in den regelmäßig stattfindenden Krisensitzungen beim Geschäftsführer seine Mitarbeiter in Schutz – nicht zuletzt, weil Fehler seiner Mitarbeiter auch auf ihn zurückfallen würden. Die

Zielerreichung seiner Abteilung gibt ihm Recht. Alle im Rahmen der jährlichen Zielvereinbarung gesetzten Ziele haben sie stets erfüllt und teilweise sogar übererfüllt. Dass im Einzelfall mal das eine oder andere Projekt um wenige Tage später fertig wurde als geplant, sei zwar richtig, aber letztendlich hätten sie immer alle Produkte markttauglich hergestellt. Und was seien schon wenige Tage bei Projektdauern von mehreren Monaten.

Der Vertriebsleiter springt auf und fährt seinen Kollegen an, dass es genau darauf ankäme, denn für Terminverschiebungen hätten die Kunden nun mal kein Verständnis – egal um wie viele Tage es sich handelt. Außerdem solle er nicht vergessen, um wen es sich bei den Kunden handelt: große Elektronikketten, bei denen die Zulieferer Schlange stehen – und nicht umgekehrt.

Daraufhin bekommt es der Geschäftsführer mit der Angst zu tun und stellt fest, dass die Zielvereinbarungen, die er mit seinen Abteilungsleitern abgestimmt hat, offenbar nicht ausreichen. Schuld sei er daran vermutlich selber, weil er die Ziele und Arbeitsaufträge ausgegeben hat, ohne selbst Experte in jedem kleinsten Detail zu sein, und die Abteilungsleiter dies offenbar als Chance nutzten, um ein paar Annehmlichkeiten für sich und ihre Mitarbeiter herauszuschlagen. Er sieht jedoch keine Möglichkeit, selbst so tief in die Themen einzutauchen, dass er nicht mehr über den Tisch gezogen werden kann. Also beschließt er, den Spieß einfach umzudrehen. Ab sofort ist es Teil der Zielvereinbarungen, dass die internen Kunden der Abteilungen mit der Arbeit der betreffenden Abteilung zufrieden sind. Der Geschäftsführer unterbricht das Streitgespräch zwischen dem Vertriebs- und dem Technikleiter und fragt den Vertriebsleiter, was geschehen müsste, damit er zufrieden sei. Die Antwort war klar: alle Termine müssen immer eingehalten werden. Ohne Ausnahme!

Darauf lässt sich der Technikleiter jedoch nur ein, wenn dann die Prozessabläufe und insbesondere die Prozessdauern neu verhandelt werden dürften. Damit ist der Vertriebsleiter sogar ein-

verstanden, denn für ihn ist es viel wichtiger, dass die gesetzten Termine auch tatsächlich eingehalten werden, als unrealistische Termine versprochen zu bekommen, die er gutgläubig an seine Kunden kommuniziert. Und eine weitere Forderung stellt der Technikleiter in den Raum: die Vertriebsmitarbeiter dürfen niemals wieder vom Kunden zurückkommen und erklären, sie hätten keine Zeit gehabt, die Informationen abzufragen, die die Ingenieure dringend brauchen, um die Entwicklung starten zu können. Der Vertriebsleiter bekommt einen roten Kopf und sichert dies zu.

Da der Geschäftsführer die Brisanz dieses Gespräches für die Reputation seines Unternehmens im Markt und insbesondere bei den wenigen wirklich großen Kunden sieht, nagelt er sowohl den Technikleiter als auch den Vertriebsleiter auf die soeben gemachten Zusagen fest. Ab sofort ist es zusätzlich zu den fachlichen Zielen Teil der jährlichen Zielvereinbarungen beider Abteilungen und aller Mitarbeiter in den Abteilungen, dass ihre internen Kunden mit ihrer Arbeit zufrieden sind ($K_i=1$). Er weist die Abteilungsleiter darauf hin, dass sie beide sowohl Kunden als auch Zulieferer des jeweils anderen sind. Zuerst arbeitet der Vertrieb der Technik zu, indem er die notwendigen Informationen rechtzeitig beschafft, und anschließend muss die Technik rechtzeitig die Produkte verkaufsfähig herstellen.

Grundvoraussetzung, damit er sich als Geschäftsführer darauf verlassen kann, ist es allerdings, dass beide gemeinsam zu allererst die Prozesse und vor allem die geplanten Prozessdauern überarbeiten ($P=1$) sowie ihren jeweiligen Mitarbeitern klar machen, wonach sie beurteilen werden ($Q=1$). Die Zielvorgabe ist selbstverständlich 100% Zufriedenheit der Kollegen aus der Nachbarabteilung mit ihrer Arbeit. Andernfalls gilt die Zielvorgabe als nicht erfüllt, denn jeder andere Prozentsatz würde bedeuten, dass die Kunden des Unternehmens mit hoher Wahrscheinlichkeit nicht das bekommen, was sie erwarten – und das ist nicht akzeptabel.

Eine Ausnahme lässt der Geschäftsführer allerdings zu: es ist ihm bewusst, dass Mitarbeiter nicht mehr tun können, als sich mit all ihrer Leistungsfähigkeit einzusetzen. Für plötzlich auftretende Finanzengpässe oder für Insolvenzen wichtiger Zulieferfirmen, oder für sonstige Unvorhersehbarkeiten kann und wird er sie nicht verantwortlich machen. Deshalb führt er einen Ausgleichsfaktor ein, mit dem er ihre Bemühungen auch dann honorieren wird, wenn die Ergebnisse nicht zufriedenstellend sein sollten. Er möchte dies jedoch nicht als Freibrief für Leistungszurückhaltung verstanden wissen. Deshalb kann dieser Ausgleichsfaktor durchaus variieren (a=0...1).

Ab der nächsten Runde – dem nächsten Projekt also – werden solche unvorhergesehenen Ereignisse übrigens nicht mehr im Ausgleichsfaktor berücksichtigt, sondern in der Prozess- und Arbeitsqualität als P=0, bzw. Q=0 erfasst. Die interne Kundenorientierung (K_i) wäre dann definitiv nicht mehr vorhanden, ebenso wenig wie der damit verbundene Gehaltsbestandteil der jährlichen Zielvereinbarungen.

Damit können beide Abteilungsleiter leben. Insgeheim sind sie sogar ganz zufrieden mit dem Ergebnis, weil es sich für die Firma auf jeden Fall lohnt, und vor allem weil es nicht nur sie selbst, sondern auch den anderen unter Zugzwang setzt.

Fallbeispiel 11: Full-Service Dienstleistungen im kleinen Mittelstand

Ein mittelständisches IT-Unternehmen, das Speziallösungen für Hard- und Software im Geschäftskundenbereich anbietet, hat sich entschlossen, einen 24/7-Wartungsservice anzubieten. Das ist eine für ein so kleines Unternehmen ungewöhnliche Dienstleistung und hebt das Unternehmen auch prompt von all seinen Wettbewerbern ab. Das Angebot wird von den Kunden begeistert aufgenommen, so dass die Akquisegespräche dem Geschäftsführer richtig Spaß machen.

Ein Gedanke lässt ihn jedoch nicht los: wenn er einen solchen Service anbietet – auch noch als einziger der vergleichbaren Wettbewerber –, dann darf dabei nichts schief gehen. Sonst wäre der Schaden für sein Unternehmen noch größer, als wenn er den Service gar nicht erst angeboten hätte. Es wird ihm klar, dass der Erfolg nicht nur von der Fachexpertise seiner Mitarbeiter abhängt, sondern auch von deren perfekter Zusammenarbeit.

Denn was passiert, wenn ein Außendienstmitarbeiter beim Kunden ist, und es sich dann herausstellt, dass er vom Innendienst nur unvollständige und teils sogar fehlerhafte Informationen über das tatsächliche Problem erhalten hatte? Sonntags erreicht er im Büro niemanden. Er kann die Reparatur nur auf Montag verschieben und muss sich überlegen, wie er das dem Kunden beichten kann.

Der Geschäftsführer beschließt also, alle Mitarbeiter in seinem Unternehmen ab sofort nicht nur an der Qualität ihrer fachlichen Arbeit zu messen, sondern auch daran, dass die Kollegen mit ihrer Zuarbeit zufrieden sind, und zwar nicht meistens, sondern immer! Dafür müssen alle Prozesse definiert sein ($P=1$). Alle Mitarbeiter müssen wissen, nach welchen Kriterien die Kollegen ihre Arbeit beurteilen werden ($Q=1$). Schließlich ist es ihm wichtig, dass alle Mitarbeiter sich auch stets um perfekte Arbeit bemühen, sich also mit all ihrer Leistungsfähigkeit einsetzen ($L=1$).

Weil er aber nichts Unmögliches verlangen möchte, führt er einen Ausgleichsfaktor ein, mit Hilfe dessen die Mitarbeiter auch dann für ihre Arbeit angemessen honoriert werden, wenn die Ergebnisse schlechter sind als gewünscht, dies zu verhindern aber nicht in der Macht des betreffenden Mitarbeiters lag ($a=1$). Hätte die Zuarbeit für die Kollegen – insbesondere für diejenigen, die im Außendienst bei den Kunden sind – besser sein können, ohne den Mitarbeiter damit zu überfordern, und wusste er, worauf es ankommt, dann soll er dies allerdings auch unmittelbar in seiner persönlichen Zielerreichungsbilanz spüren ($a=0$, $L<1$, $K_i<1$).

Mit diesen Überlegungen hat der Geschäftsführer ein gutes Gefühl beim Angebot seines neuen 24/7-Serviceangebots, weil er allen Mitarbeitern einen aus ihrer jeweiligen Sicht wichtigen Grund geben hat, sich neben ihren eigentlichen Tätigkeiten auch dafür einzusetzen, dass ihre Kollegen einen guten Job machen können.

Fallbeispiel 12: Firmenweites Zahlen-Mikado
Das Controlling hat in jedem Unternehmen einen schwierigen Job. Es muss in regelmäßigen, meist kurzen Abständen alle notwendigen Zahlen aus dem gesamten Unternehmen zusammen tragen, um ein realistisches Bild der aktuellen Finanzsituation des Unternehmens zeichnen zu können. Damit erfüllt es nicht nur interne Wünsche, sondern die Anforderungen der Investoren und teils sogar des Gesetzgebers.

Für die Fachabteilungen, die die Zahlen zur Verfügung stellen müssen, bedeutet dies jedoch Zusatzaufwand, der sie von ihrer eigentlichen Arbeit abhält. Zumindest ist das eine häufige und aus deren Sicht durchaus nachvollziehbare Einstellung. Denn immer wieder wird in den jährlichen Zielvereinbarungen für die Vertriebsabteilungen, die Technikabteilung, die Marketingabteilung, die Abteilung für Qualitätsmanagement, die Einkaufsabteilung, etc. kaum je ein bestimmtes Zeitkontingent für die Bereitstellung der Controlling-relevanten Zahlen eingeplant, außer vielleicht in großen Konzernen mit zum Beispiel einem eigenen Vertriebscontrolling. Andernfalls werden solche Tätigkeiten eher als Hilfe »mal schnell« und »nebenbei« verstanden.

Das bedeutet jedoch, dass sich die Controlling-Abteilung auf das Wohlwollen ihrer Kollegen verlassen muss und nur hoffen kann, dass diese sich mit der notwendigen Sorgfalt und auch noch termingerecht um die Aufbereitung der Datenbasis kümmern. Das Prinzip Hoffnung ist jedoch keine gute Grundlage für unternehmensrelevante Prozesse; vor allem weil die Gefahr groß ist, dass sich einige Abteilungen erst dann um die Zahlen kümmern, wenn sie unmissverständlich genug dazu aufgefordert wurden.

Zwei Dinge sind daher notwendig: erstens sollten unternehmensrelevante Arbeitspakete immer in den Zielvereinbarungen vermerkt werden, denn nur was gemessen wird, bekommt man auch. Zweitens sollte gerade bei Tätigkeiten, die zwar wichtig sind, mit dem eigentlichen Arbeitsgebiet der betreffenden Person oder Abteilung aber nur wenig zu tun haben, die Motivation also vermutlich eher gering ist, immer der interne Kunden befragt werden, ob die Tätigkeiten in akzeptabler Art und Weise ausgeführt wurden. Wenn man nur die unmittelbaren Vorgesetzten aus den Fachbereichen über die Qualität der Arbeit ihrer Mitarbeiter befragen würde, dann würden diese deren Arbeit auch dann loben, wenn solche »Nebentätigkeiten« unbefriedigend abgearbeitet wurden. Selbst wenn die Hauptversammlung des Konzerns wegen unvollständiger, verspäteter oder sogar falscher Zahlen aus den Fachabteilungen gefährdet wäre, würden sich Vorgesetzte aus weit vom Controlling entfernten Fachabteilungen davon möglicherweise kaum beeindrucken lassen.

Als Unternehmen kann man dann nur auf weit überdurchschnittlich engagierte Mitarbeiter im Controlling hoffen, oder aber die Qualität der internen Dienstleistung der anderen Fachabteilungen messbar machen (P, Q) sowie als interne Kundenorientierung (K_i) in deren Zielvereinbarungen aufnehmen, und zwar gehaltsrelevant (L).

8

Zur Umsetzung von interner Kundenorientierung

Unternehmen sind ein Abbild ihrer Geschichte, und ihre Strukturen sind im Laufe der Zeit gewachsen. Zum Teil entwickelten sie sich geplant und zum Teil eher spontan aus tagesaktuellen Anforderungen, die eine bestimmte Art und Weise der Zusammenarbeit notwendig gemacht haben.

Sollten sich die Strukturen bewährt haben, weil sie den Anforderungen gerecht wurden, dann verfestigen sie sich. Das ist soweit in Ordnung, wie es sich um offizielle Anforderungen handelt. Oftmals etablieren sich Strukturen jedoch auf Grund von Einzelinteressen bestimmter Teile des Unternehmens unabhängig davon, ob dies für das Unternehmen als solches sinnvoll ist.

Interne Kundenorientierung bedeutet, das gesamte Unternehmen, alle Strukturen und alle Prozesse aus Sicht der Kunden und ihrer Anforderungen zu organisieren. Der Vorteil liegt auf der Hand: effiziente Prozesse, deren Umsatzwirksamkeit bewiesen ist, weil sie zur Realisierung des Kundenwunsches notwendig sind. Der größte Vorteil ist jedoch, dass Wettbewerber die Ursache der Effizienz(-steigerung) nicht herausfinden können, weil es sich um rein innerbetriebliche Maßnahmen handelt, die man weder dem Produkt noch der Dienstleistung ansieht.

Mit den folgenden Maßnahmen kann interne Kundenorientierung in praktisch jedem Unternehmen eingeführt werden, auch in solchen, die von einer langen Historie interner Querelen und Machtkämpfe geprägt sind.

1. *Interne Kunden ermitteln.* Die Kundenstrukturen innerhalb des Unternehmens sind oft vielfältiger als es auf den ersten Blick erscheint. Hinzu kommt, dass sich Kunden-Lieferanten-Beziehungen innerhalb des Unternehmens im Prozessablauf umkehren können.
2. *Interessen erkennen.* Was treibt die handelnden Personen an? Welche Ziele hat jeder einzelne in seiner jeweiligen Funktion, aber auch ganz persönlich?
3. *Ungeplante Prozesse eliminieren.* Unproduktive, zeitraubende Zusatzaufgaben fallen meist dann an, wenn Vorgesetzte zur Lösung von Problemen in der Zusammenarbeit mit anderen Abteilungen eingeschaltet werden müssen.
4. *Egoismen nutzen.* Da interne Kundenorientierung bedeutet, die Kollegen als Kunden zu betrachten, können ihre jeweiligen Ziele und Interessen nicht ignoriert werden, auch dann nicht, wenn es sich um egoistische Einzelinteressen handelt, die dem Unternehmen nicht unmittelbar dienlich sind. Aber selbst solche Egoismen können oftmals produktiv im Sinne des Unternehmens genutzt werden.
5. *Den übernächsten Kunden zufrieden stellen.* Wenn es in Unternehmen zu Abstimmungskonflikten zwischen Kollegen oder Abteilungen kommt, dann ist es in dieser Situation oft nicht möglich, den Kollegen als internen Kunden zu fragen, was er benötigt. Aber den Kunden dieses internen Kundens kann man fragen.
6. *Kosten optimieren.* Das maximal Mögliche ist nicht immer das Beste. Kunden erwarten nicht die bestmögliche Leistung, sondern eine, die ihre Bedürfnisse befriedigt und ihnen nutzt. Darüber hinausgehende Leistungen verursachen Kosten, ohne einen zusätzlichen Mehrwert zu generieren.

Jeder dieser Maßnahmen ist im Folgenden ein eigenes Kapitel gewidmet, in dem auch die zur Umsetzung notwendigen Managementwerkzeuge vorgestellt werden.

8.1 Interne Kunden ermitteln

Eine erste Schwierigkeit bei der Einführung von interner Kundenorientierung ist, dass die Kundenbeziehungen innerhalb eines Unternehmens meist nicht so klar sind, wie zwischen dem Unternehmen als solchem und seinen externen Kunden. Denn im zeitlichen Verlauf eines arbeitsteiligen Wertschöpfungsprozesses kann eine Abteilung Kunde, dann Lieferant und anschließend wieder Kunde einer oder mehrerer anderer Abteilung sein. Die internen Kundenbeziehungen sind also erheblich komplexer als die externen. Wenn es in der unternehmensinternen Kooperation zu Problemen kommt, dann ist deswegen häufig nicht klar, worin die Ursache des Problems liegt und wer schuld ist, wie folgendes Beispiel zeigt:

Fallbeispiel 13: Eine typische Krisensitzung
Etwa drei Wochen vor Ende des laufenden Geschäftsjahres trifft sich der Geschäftsführer mit seinem direkt an ihn berichtenden Managementteam: dem Vertriebsleiter, dem Leiter des Produktmanagements, dem Entwicklungsleiter, dem Marketingleiter und dem verantwortlichen Controlling-Chef. Er eröffnet die Besprechung mit der Feststellung, dass sie zur Zeit noch erheblich hinter dem für das laufende Geschäftsjahr geplanten Umsatzziel zurückliegen und bittet in durchaus prägnanten Worten die Runde um Vorschläge, was zu tun sei.

Da es um Umsatz geht, fühlt sich natürlich der Vertriebsleiter angesprochen. Anstatt zu versuchen, das Problem zu lösen, begründet er jedoch nur, warum seine Abteilung auf keinen Fall an dieser Situation schuld sein kann. Wie er ja schon vor Monaten ausgeführt hätte, wäre das Umsatzziel leicht zu erreichen gewesen, hätten sie nur früher im Jahr die richtigen Produkte gehabt. Aus nachvollziehbaren Gründen sieht der Leiter des Produktmanagements dieses Statement als direkten Angriff auf sich. Er rechtfertigt sich damit, dass die Produkte sehr gut angenom-

men worden seien, und dass sie nur etwas zu spät dran wären, weil die Entwicklung zu langsam gewesen sei. Nun wacht der Technikchef auf. Er weist darauf hin, dass sie in nie da gewesenem Rekordtempo entwickelt hätten. Außerdem zieht er das Protokoll der gleichen Besprechung von vor einem Jahr sowie eine Reihe alter Emails aus seiner Aktenmappe und argumentiert, dass er bereits damals darauf hingewiesen habe, dass das ständig steigende Umsatzvolumen nur mit weiterem Personal im Entwicklungsbereich zu bewältigen sei. Dieses Personal hätte er ja auch beantragt, es sei aber mal wieder in einer der Cost-Cutting-Runden nach der Jahresplanung herausgestrichen worden. Hierauf entgegnet der Controlling-Leiter, der sehr wohl begriffen hat, dass er nun auf den heißen Stuhl gesetzt werden soll, dass die Kostenstellenplanung der Technik selbstverständlich reduziert werden musste, weil die Marketingplanung erhebliche Umsatzrisiken für das nun aktuelle Geschäftsjahr ergeben hatte. Außerdem sei diese Kostenreduzierung ja schließlich auch mit dem Geschäftsführer abgestimmt gewesen – was der Geschäftsführer durchaus bestätigt. Die Besprechung geht in die nächste Runde; eine von vielen weiteren.

Diskussionen wie diese sind wie eine Waschmaschine im langsamen Schleudergang. Es kann Stunden dauern, ohne dass jemals eine Lösung des Problems auch nur in Sicht ist. Denn Problemlösung ist in diesem Fall gar nicht das Hauptinteresse der Akteure. Jeder ist nur bemüht, seinen eigenen »Hinterhof« sauber zu halten und die Schuld für etwas, was passiert ist oder droht zu passieren, bei einem anderen zu suchen. Dabei ist es vollkommen egal, bei wem die Schuld liegt oder zumindest gefunden werden kann, solange sie es nicht selbst sind.

Das ist ein klassisch ökonomisches Verhalten, bei dem die persönlichen Ziele wichtiger sind, als die übergeordneten Ziele des Unternehmens. Die Gefahr, dass sich das gleiche Problem im folgenden Geschäftsjahr wiederholt, ist enorm.

Für die Führungskraft ist es in einer solchen Situation selbst bei umfangreichem Führungswissen und langjähriger Führungserfahrung unmöglich, die Ursache der Probleme mit Hilfe ihrer disziplinarischen Autorität zu ermitteln. Denn die Beteiligten werden die Komplexität der vielfältigen Interaktionen zwischen den unterschiedlichen Arbeitsgruppen im Unternehmen ausnutzen, um die Schuldfrage von sich weg zu schieben.

Voraussetzung für das Überwinden der Pattsituation in diesem Beispiel ist, zumindest für den Moment das aktuelle Problem beiseite zu lassen und die internen Kunden-Lieferanten-Beziehungen zwischen den beteiligten Abteilungen zu überprüfen. Hierfür eignet sich das in Abbildung 10 dargestellte Management-Werkzeug zur kooperativen Fehlersuche durch die Ermittlung der internen Kunden-Lieferanten-Beziehungen.

Abbildung 10: Kooperative Fehlersuche

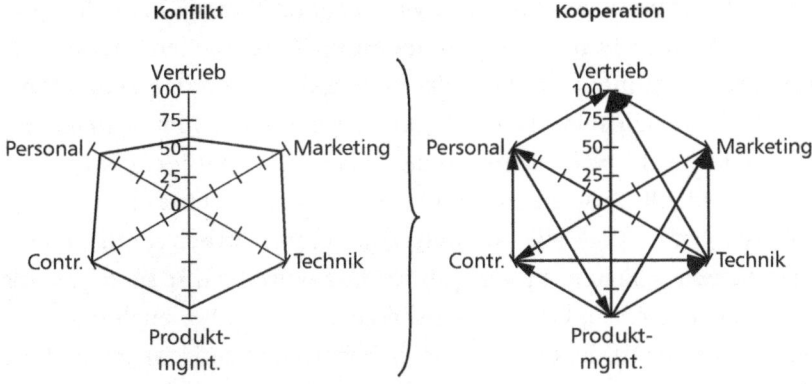

Quelle: nach Schubert (2009), S. 20

Ziel dieser Methode ist die Überwindung einer Kultur der gegenseitigen Beschuldigungen nach misslungener Zielerreichung. Bevor – wie in Fallbeispiel 13 geschehen – Schuldige für die Verfehlung der Ziele gesucht werden, werden zunächst alle bestehenden internen Kunden-

141

beziehungen ermittelt. Die Verfehlung der Ziele ist in Abbildung 10 links dargestellt. Die internen Kundenbeziehungen sind auf der rechten Seite der Abbildung durch Pfeile von einer Abteilung zur nächsten dargestellt. Die Pfeilspitze signalisiert interne Kunden, das Ende des Pfeils steht für interne Lieferanten. Diejenige Abteilung, zu der vor allem Pfeile hinweisen und nur wenige Pfeile wegführen, ist im Wesentlichen interner Leistungsempfänger, hier der Vertrieb.

Obwohl im vorliegenden Beispiel vor allem der Vertrieb seine Ziele verfehlt hat, wäre es angesichts der internen Kunden-Lieferanten-Struktur dennoch sinnvoller, zunächst in Abteilungen nach der Ursache des Problems zu suchen, die vor allem interne *Lieferanten* von Leistungen sind. Das wäre im Beispiel aus Abbildung 10 der Personalbereich. Aber kann man den Personalbereich wirklich für die Umsatzprobleme verantwortlich machen? Als nicht-operativer Overhead-Bereich kommt er trotz seiner reinen Lieferantenfunktion doch eigentlich kaum als Verursacher der im Vertrieb offenkundig gewordenen Probleme in Betracht. Die Problemsuche sollte wohl eher im Technik-Bereich beginnen, der zwar nicht nur, aber zumindest im Wesentlichen interner Lieferant von Leistungen für die anderen Bereiche ist. Andererseits könnte es natürlich auch sein, dass sich der Personalbereich im Rahmen der Personalauswahl bei Neueinstellungen auf mittelmäßige Auswahlverfahren, wie z.B. Assessment Center und unstrukturierte Interviews,[70] verlassen hat und deshalb zumindest mitverantwortlich für die derzeitigen Schwierigkeiten im Vertrieb ist. Das würde dafür sprechen, die Fehlersuche doch im Personalbereich zu beginnen. Wo auch immer in der Realität die Fehlersuche tatsächlich startet, wichtig ist genau diese Diskussion.

Kooperative Fehlersuche durch die Ermittlung der internen Kundenbeziehungen bringt alle Beteiligten an einen Tisch und initiiert eine strukturierte, ergebnisoffene Diskussion darüber, wer für die Versäumnisse verantwortlich sein könnte.[71] Diese Methode wird auch in emotional angespannten Diskussionen von allen Beteiligten akzeptiert, weil ihre Intention eindeutig ist. Es geht nicht um die Beschuldigung einzelner Akteure, sondern um die neutrale Ermittlung von Kooperationsbeziehungen sowie gegenseitigen Abhängigkeiten. Das Ziel der Methode ist natürlich schon, einen »Schuldigen« für die Verfehlung der gesteckten Ziele zu ermitteln, denn das Problem muss abgestellt werden. Aber der Weg dorthin wird durch die Darstellung der internen Kundenbeziehungen objektiviert. Das schafft Akzeptanz. Mit welchen Konsequenzen der Schuldige anschließend zu rechnen hat, hängt vom Verhalten der übergeordneten Führungskraft ab. Sie muss die Interessen der hierarchisch unterstellten Mitarbeiter erkennen und respektieren; nicht aus menschenfreundlichem Altruismus, sondern im Eigeninteresse der Führungskraft. Denn nur unter dieser Voraussetzung kann die Ermittlung der internen Kunden-Lieferanten-Beziehungen erfolgreich sein. Müssten die Beteiligten fürchten, nach Feststellung der gegenseitigen Abhängigkeiten als Schuldiger an der Spitze des Fahnenmastes zu enden, dann würde selbst diese einfache Übung ergebnislos enden. Führt die kooperative Fehlersuche aber dazu, dass man gemeinsam die Ursache des Problems findet, und erarbeitet man anschließend gemeinsam abteilungsübergreifende Kooperationsprozesse, die ein erneutes Auftreten des Problems verhindern, dann profitieren alle. Eine gegebenenfalls erneute Fehlersuche zu einem späteren Zeitpunkt wird unter dieser Voraussetzung auf breite Akzeptanz stoßen.

8.2 Interessen erkennen

Egoismus ist nicht schlecht. Im Gegenteil, Egoismus ist der eigentliche Motor jeder Wertschöpfung. Stellt man jedoch fest, dass sich die Abteilungen eher gegenseitig bekämpfen als zusammen für den Kunden zu arbeiten, dann ist es an der Zeit, aus den konkurrierenden Einzelinteressen (wieder) ein großes Gemeinsames zu machen. Dafür bietet sich die Gruppenübung mit dem Titel »Prozessvermutungen« an, die auf dem in Abbildung 11 skizzierten allgemeinen Prozessmodell basiert.

Abbildung 11: Das IPO-Prozessmodell

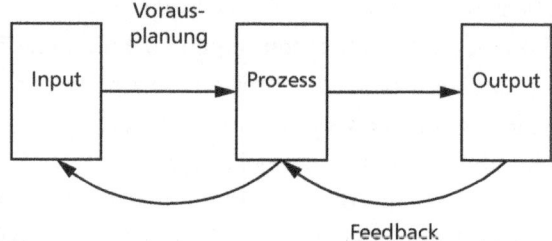

Jeder Teilprozess, bzw. Prozessschritt in diesem Prozessmodell erfordert bestimmte Vorarbeiten aus vorgelagerten Teilprozessen als Input. Anschließend soll er zu einem gewünschten Ergebnis als Output für den nachfolgenden Teilprozess führen. In einer arbeitsteiligen Unternehmensorganisation kommt das gewünschte Input meistens von einer anderen Abteilung, wohingegen das Output der eigenen Arbeit zugleich Input für die Aufgaben der in der Wertschöpfungskette nachfolgenden Abteilung ist.

Da im Allgemeinen jede der beteiligten Fachabteilungen ihre eigenen operativen Aufgaben professionell beherrscht, ist das Ergebnis der Tätigkeit in den jeweiligen Teilprozessen normalerweise in Ordnung. Was jedoch mit großer Regelmäßigkeit nicht klappt, ist die Abstimmung zwischen den Prozesspartnern. Entweder weil – wie zuvor beschrieben – jeder sein eigenes Süppchen kocht, oder viel banaler: weil Informationen darüber fehlen, was die im Prozessablauf nachfolgende Abteilung tatsächlich braucht, und bis wann.

Das eigentliche Problem ist also nicht der Teilprozess als solcher, sondern die Qualität und die Verlässlichkeit der Informationsübermittlung von einem Teilprozess zum anderen mittels der Schnittstellen aus Vorausplanung und Feedback, und zwar in beiden Richtungen der Wertschöpfungskette: nach vorne zur nachfolgenden Abteilung als internem Kunden, von dem rechtzeitig und möglichst umfassend Informationen über das gewünschte Ergebnis eingeholt werden sollten, und auch nach hinten zum internen Zulieferer von notwendigen

Vorarbeiten, der eine Rückmeldung darüber benötigt, wie brauchbar seine Ergebnisse waren. Prozessprobleme sind in den meisten Fällen Schnittstellenprobleme.

Mit dem in Fallbeispiel 14 beschriebenen Workshop zur Überwindung von »Prozessvermutungen« können solche Schnittstellenprobleme behoben werden.

Fallbeispiel 14: Workshop »Prozessvermutungen«
Zunächst wird der Gesamtprozess zur Erstellung eines Produktes oder einer Dienstleistung nach Verantwortlichkeiten in seine Teilprozesse zerlegt. Anschließend werden alle für einen Teilprozess verantwortlichen Personen gebeten aufzuschreiben, welche Tätigkeiten im Rahmen dieses Teilprozesses zu ihren Aufgaben gehören, welche Zuarbeiten sie dafür von wem benötigen, und was das Ergebnis ihrer Tätigkeit ist. Dabei sollten sie sowohl für ihren eigenen Teilprozess als auch für den gewünschten Input sowie den geplanten Output ihres Teilprozesses jeweils separat alle relevanten W-Fragen nach bestem Wissen beantworten: was, bis wann, mit welchem Aufwand, von wem, für wen?

Zur besseren Übersichtlichkeit im weiteren Verlauf der Übung sollten alle Informationen ihrer Tätigkeitsbeschreibungen gut strukturiert auf einer einzigen DIN/A4-Seite stehen; im oberen Drittel der Seite die Antworten zum Input, in der Mitte die zu ihren eigenen Tätigkeiten, und im unteren Drittel die Eckdaten zum Ergebnis ihrer Tätigkeiten, dem Output. Wichtig ist, dass jeder Teilprozess-Verantwortliche diese Informationen zwar natürlich unter Mitwirkung seiner Mitarbeiter zusammenstellt, sich aber während dessen auf keinen Fall mit den anderen Teilprozess-Verantwortlichen darüber austauscht.

Der Projektleiter, bzw. der Verantwortliche für den Gesamtprozess sammelt die Bögen anschließend ein und verwahrt sie bis zu einem ein- bis zweitägigen Workshop, zu dem sich alle Teilprozess-Verantwortlichen sowie sonstigen Prozess- oder Projekt-

mitarbeiter unter Leitung des Projektleiters am besten außerhalb des Unternehmens in einem neutralen Seminarraum treffen. Das Seminar beginnt damit, dass die Tätigkeitsbeschreibungen für die Teilprozesse in der richtigen Prozessabfolge und gut sichtbar nebeneinander an eine Pinnwand geheftet werden. Anschließend sollte etwas Zeit sein, damit alle Prozessbeteiligten die Tätigkeitsbeschreibungen ihrer Kollegen aus den anderen Teilprozessen vor der Pinnwand studieren können.

Erfahrungsgemäß dauert es nicht lange, bis die ersten erstaunten oder auch entsetzten Kommentare zu hören sind. Denn was ein Teilprozess-Verantwortlicher glaubt, an den nachfolgenden Teilprozess-Verantwortlichen liefern zu müssen und was dieser tatsächlich bräuchte, ist nicht immer identisch. Besonders in Unternehmensbereichen, in denen die Mitarbeiter bereits seit längerer Zeit zusammenarbeiten, fragt oft niemand mehr, was der andere tatsächlich braucht. Es herrscht vielfach die unausgesprochene Annahme, sowieso zu wissen, worauf es ankommt. Das Ergebnis sind Teams, die resignierend akzeptiert haben, dass es halt immer irgendwelche Reibungsverluste gibt. Auch wenn diese tagtäglich demotivierend wirken und Zeit kosten.

Wenn man den Beteiligten jedoch mit Hilfe der erwähnten Tätigkeitsbeschreibungen die unausgesprochenen Annahmen ihrer Kollegen darüber, was man angeblich von ihnen bräuchte (und bis wann), im wahrsten Sinne des Wortes vor die Augen hält, dann ist ein kleinerer Wutausbruch mit großer Regelmäßigkeit noch eine der moderateren Reaktionen. Denn es fällt ihnen wie Schuppen von den Augen, wie sehr sie ohne jegliche böse Absicht aneinander vorbei gearbeitet haben und damit sowohl sich als auch ihren internen Kunden unnötige Arbeit machten. Das Ergebnis dieses Übungsteils ist verständlicherweise zunächst Ärger, dann aber normalerweise relativ schnell Entspannung, weil die Ursachen für die ständigen Reibungsverluste nun ja wenigsten auf dem Tisch liegen.

Problematisch wird es jedoch im nächsten Übungsteil, für den es durchaus empfehlenswert sein kann, einen externen Konfliktmanager hinzuzuziehen. Denn nun werden alle Teilprozess-Verantwortlichen gebeten zu notieren, welche Ergebnisse sie sich von den anderen Teilprozess-Verantwortlichen, mit denen sie zusammenarbeiten »müssen«, wünschen würden, natürlich unter Berücksichtigung aller relevanten W-Fragen. Wenn diese Wunschlisten dann wieder an der Pinnwand hängen, stellt sich meistens heraus, dass der Gesamtprozess, bzw. das Projekt erheblich länger dauern müsste, wenn alle Wünsche berücksichtigt werden sollen. Unter der selbstverständlichen Voraussetzung, dass es sich um fachlich gut begründbare Wünsche handelt, ist ihre Realisierung jedoch unabdingbar, denn fachliche Erfordernisse können nicht wegdiskutiert werden.

Die anschließende Diskussion darüber, wie die Anforderungen der Teilprozess-Verantwortlichen an ihre Kollegen umgesetzt werden können, ohne den Gesamtprozess zu verlängern, kann durchaus zwei Tage dauern. Denn in einer Diskussion über die Realisierbarkeit von Anforderungen einzelner Beteiligter steht immer auch die unausgesprochene Frage von Macht und Durchsetzungsfähigkeit sowie die Frage der Realisierbarkeit insgeheimer persönlicher Ziele im Raum. Deshalb kann ein externer, von Vorgeschichten unbelasteter Konfliktmanager hilfreich sein.

Der Workshop endet mit einem abgestimmten Gesamtprozess, bei dem alle Teilprozess-Verantwortlichen als interne Kunden tatsächlich genau die Vorleistungen erhalten, die sie benötigen, um selbst mit größtmöglicher Effizienz und Effektivität für ihre eigenen (internen) Kunden arbeiten zu können. Interventionen von höheren Führungskräften sind dann zumindest für operative Abstimmungsfragen nicht mehr im selben Maße notwendig, denn aus Prozessvermutungen wurde Prozesswissen.

Vermutlich wird es noch einige Zeit dauern und weitere Abstimmungsgespräche erfordern, bis die neu vereinbarten Abläufe auch wirklich von allen Beteiligten im Tagesgeschäft umgesetzt werden. Die möglichen Effizienz- und Effektivitätsgewinne sind jedoch besonders wertvoll, weil sie auf rein innerbetrieblichen Maßnahmen beruhen, die von den Wettbewerbern kaum imitiert werden können.

8.3 Ungeplante Prozesse eliminieren

Auch nach erfolgreicher Abstimmung des Inputs und Outputs der verschiedenen Teilprozesse verbleibt oftmals noch ein erhebliches, zumeist jedoch unsichtbares Verbesserungspotenzial in den betrieblichen Abläufen. Um dieses zu heben, ist es notwendig, nach den Schnittstellen auch die Aktivitäten in den Teilprozessen selbst zu betrachten.

Die herkömmliche Wertstromanalyse

Eines der gängigsten Verfahren zur Ermittlung von Verbesserungspotenzialen in den unternehmensinternen Arbeitsprozessen ist die so genannte »Wertstromanalyse«. Mit dieser Analysetechnik soll ermittelt werden, auf welche Weise in einem Unternehmen »Wert geschöpft« wird. Das Wort »Wertschöpfung« entstammt dabei der Vorstellung, dass das, was aus einem Unternehmen herauskommt (das Produkt oder die Dienstleistung), mehr wert ist, als das, was in das Unternehmen hinein kommt (Rohstoffe, Ideen und Vorprodukte). Damit eine Organisation aber auch tatsächlich Wert schöpft, müssen alle Teile des Unternehmens so ressourcenschonend (effizient) und zielstrebig (effektiv) wie möglich zusammen arbeiten.

Ob dies der Fall ist, kann mit Hilfe einer Wertstromanalyse ermittelt werden. Bei dieser Analysetechnik werden alle Teile der Wertschöpfungskette, alle Prozessschritte also, in der Reihenfolge der Arbeitsabläufe als Arbeitspakete separat analysiert und beschrieben.

Für jedes Arbeitspaket wird notiert, welche Aufgabe zu erledigen ist, wie viel Zeit dafür zur Verfügung steht (Dauer) und wie groß der Aufwand für dieses Arbeitspaket ist.

Dauer und Aufwand unterscheiden sich, wenn der Verantwortliche für den Prozessschritt auf die Zuarbeit anderer angewiesen ist, um selbst weiterarbeiten zu können. Wenn der Einkäufer beispielsweise auf ein Angebot eines Zulieferers warten muss, dann kann der Prozessschritt »Preis anfragen« mehrere Tage dauern, obwohl der Aufwand nur wenige Stunden beträgt.

Wenn alle Prozessschritte auf diese Weise beschrieben worden sind, dann können sie in einer »Wertstromkarte« dargestellt werden (vgl. Abbildung 12), aus der auch die Abhängigkeiten zwischen den einzelnen Arbeitspaketen hervorgehen.

Abbildung 12: Wertstromkarte als grafische Darstellung der Wertstromanalyse

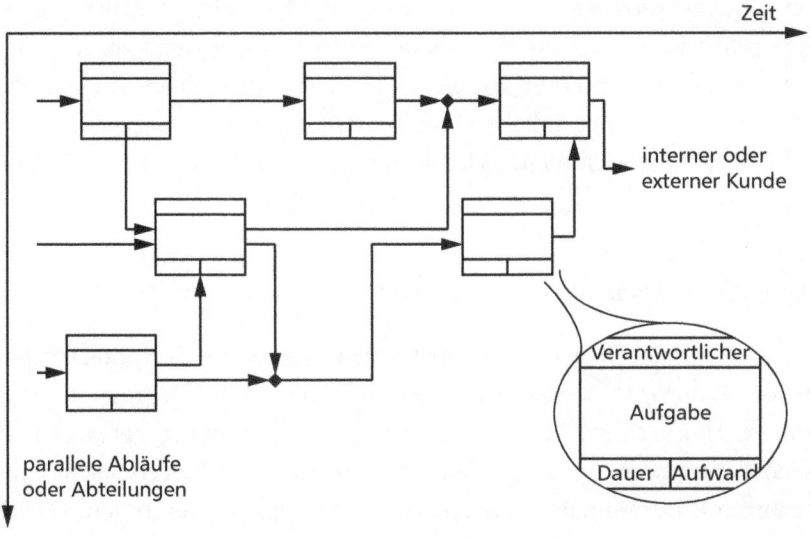

Anhand der Wertstromkarte kann anschließend der »kritische Pfad« ermittelt werden. Das ist die Abfolge aller Prozessschritte, die keine Verzögerung erlauben, da ansonsten der Endtermin des gesamten Prozesses nicht mehr haltbar wäre. Die Wertstromanalyse ist ein ausgesprochen hilfreiches und deshalb vielfach eingesetztes Werkzeug, um sowohl Dauer und Aufwand aller Arbeitspakete als auch die Abhängigkeiten der Arbeitspakete und damit die Abhängigkeiten der diversen Abteilungen und Mitarbeiter untereinander zu ermitteln.

Allerdings steht und fällt die Wertstromanalyse mit den Zeitdauern und Aufwänden, die die jeweiligen Teilprozessverantwortlichen für ihre Arbeitsschritte angeben. Wenn sie anschließend mehr Zeit benötigen sollten als geplant, dann wäre die Wertstromkarte wertlos. Wenn sie schneller sein sollten als geplant, dann ist im gesamten Prozessablauf Spielraum vorhanden, der einen Wettbewerbsvorteil ermöglicht hätte, wenn er früher bekannt gewesen wäre. Eine realistische Planung aller Zeitdauern und Aufwände ist also von hoher Bedeutung. Andererseits ist jedoch genau dieser Realismus eher unwahrscheinlich, wenn man die Abstimmungsprobleme bedenkt, die im Rahmen der »Prozessvermutungen« in Fallbeispiel 14 deutlich wurden. Denn eine realistische Planung der eigenen Arbeitspakete setzt voraus, sich auf die Zuarbeit interner Zulieferer verlassen zu können. Aber selbst dann können mit der üblichen Wertstromanalyse eine ganze Reihe von Effizienzpotenzialen nicht sichtbar gemacht und damit auch nicht realisiert werden.

Die 3-dimensionale Wertstromanalyse

Die Zusammenarbeit auf der operativen Fachebene der unterschiedlichen Teilprozess-Verantwortlichen wird oft dadurch gestört, dass höhere Hierarchieebenen informiert, um Zustimmung gebeten und wieder informiert werden müssen. Dies ist in einem hierarchisch organisierten Unternehmen zwar einerseits wichtig, auf der anderen Seite tragen höhere Managementebenen jedoch meist nur wenig zur operativen Abarbeitung der Aufgaben bei. Sie haben zwar die disziplinarische Autorität, um operative Entscheidungen zu treffen, aber nicht immer die dafür notwendige fachliche Expertise. Diese müssen sie sich vor einer anstehenden Entscheidung erst aneignen, indem sie sich von den operativen Fachexperten die Zusammenhänge erläutern lassen, meistens im Rahmen von PowerPoint-Präsentationen. Ihre anschließende Entscheidung kann nicht besser sein als diejenige Entscheidung, die der sachbearbeitende Mitarbeiter, der den Sachverhalt in der Präsentation erläutert hat, selbst getroffen hätte.

Nicht nur die Präsentation, sondern insbesondere die Vorbereitung der Präsentation beim Vorgesetzten kostet jedoch oft sehr viel Zeit und verzögert damit die Bearbeitung des eigentlichen Arbeitspaketes. Diese Zeit wird in der Planung der Arbeitspakete in einem Teilprozess von Anfang an berücksichtigt, weil im allgemeinen bekannt ist, wie viel Zeit die Sachbearbeiter damit verbringen müssen, ihre Vorgesetzten über die Hintergründe einer zu treffenden Entscheidung zu informieren.

Dauert ein Teilprozess also beispielsweise 20 Tage, weil so viele Aufgaben anstehen oder weil erfahrungsgemäß alleine schon 5 Tage für die Vorbereitung von Präsentationen und die anschließenden Besprechungen mit Vorgesetzten eingeplant werden müssen? Nicht selten »stören« die Führungskräfte den Prozessablauf eher, als dass sie ihn unterstützen.

Die Frage ist, wie man ermitteln kann, wann welche Hierarchieebenen eingeschaltet werden sollten und wie man die Anzahl der hierarchischen Rückkopplungen auf ein Minimum begrenzen kann, um die operative Abarbeitung der Aufgaben nicht unnötig zu verlangsamen. Das Effizienzpotenzial in der Beantwortung dieser Frage ist enorm, kann jedoch mit der herkömmlichen Wertstromanalyse weder ermittelt noch gehoben werden.

Das soll im Folgenden beispielhaft anhand eines typischen Projektablaufs[72] zur Entwicklung und Vermarktung eines technischen Produktes in einem Industrieunternehmen erläutert werden. Das Projekt wird im nachfolgenden Fallbeispiel 15 beschrieben und ist in der zugehörigen Abbildung 13 anhand einer Wertstromkarte grafisch dargestellt.

Abbildung 13: Wertstromkarte eines technischen Entwicklungsprojektes

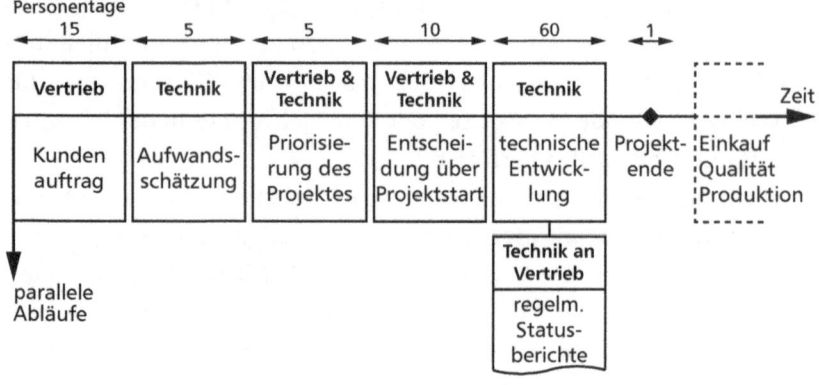

Fallbeispiel 15: Ablauf des technischen Entwicklungsprojektes
Das Projekt aus Abbildung 13 beginnt damit, dass der im Vertrieb zuständige Sachbearbeiter mit seinem Kunden einen Vertrag über die Lieferung eines noch zu entwickelnden technischen Produktes schließt. Die Verhandlungen bis Vertragsabschluss dauern insgesamt 15 Tage. Der Aufwand ist natürlich etwas geringer, aber es ist ja auch nur eines unter mehreren Projekten.

Im nächsten Schritt (in der Wertstromkarte aus Abbildung 13 das nächste Kästchen) schätzt der in der Technik zuständige Sachbearbeiter den für die Realisierung des Produktes notwendigen zeitlichen und finanziellen Aufwand ab. Obwohl die Aufwandschätzung relativ schnell erledigt werden könnte, dauert dieser Prozessschritt eine Woche, weil der Ingenieur für eine ganze Reihe von Entwicklungsprojekten für verschiedene Kunden verantwortlich ist, die zudem auch noch von verschiedenen Kollegen im Vertrieb betreut werden.

Da es mal wieder mehr Kundenanfragen gibt als Kapazitäten in der Entwicklung, muss im dritten Schritt das Projekt gegenüber anderen Projekten priorisiert werden. Zu diesem Zweck sitzen die in Vertrieb und Technik zuständigen Sachbearbeiter sowie

der verantwortliche Projektleiter im Laufe einer weiteren Woche mehrmals zusammen. Das Ergebnis ist eine Entscheidungsvorlage für die nächst höhere Führungsebene: die Abteilungsleiter in Vertrieb und Technik. Diese sind wie immer vielfach beschäftigt, so dass es insgesamt 10 Tage dauert, bis sie nach kontroversen Diskussionen eine Entscheidung treffen konnten. Da es sich bei dem vorliegenden Projekt um einen wichtigen Kunden handelt, wird es entsprechend hoch priorisiert und zur sofortigen Bearbeitung freigegeben.

Über die anschließende, 60 Tage dauernde Entwicklungsarbeit berichtet das technische Projektteam regelmäßig an den Vertriebskollegen und beendet das Projekt schließlich durch eine elektronische Meldung im firmeninternen Teileverwaltungsprogramm.

Nach dieser Meldung stellt der im Einkauf zuständige Sachbearbeiter alle notwendigen technischen Spezifikationen und Zeichnungen zusammen und startet den Anfrageprozess für die Erstmuster. So schreitet das Projekt in definierten Schritten voran, bis schließlich nach der Erstmusterbeschaffung, Qualitätskontrolle und Arbeitsvorbereitung die Produktion und Auslieferung an den Kunden erfolgt.

In einer herkömmlichen Wertstromanalyse würde man jetzt die Effizienz der einzelnen Prozessschritte überprüfen und gegebenenfalls einzelne Schritte umorganisieren oder sogar eliminieren, bis der gesamte Prozessablauf im Rahmen der Möglichkeiten optimal zu sein scheint. Der hier beispielhaft skizzierte Projektablauf ist jedoch bereits so klar und einfach gegliedert, dass die Prozessanalyse inklusive etwaiger Verbesserungsmaßnahmen vermutlich bereits erfolgt ist. Trotzdem scheint die für den dargestellten Prozessablauf notwendige Zeitdauer doch sehr hoch zu sein: 20 Tage, also 4 Wochen, nur um nach Abschluss der Verhandlungen mit dem Kunden die endgültige Freigabe des Projektes zu erhalten? Die von den handelnden Personen genannten Gründe dafür, dass die einzelnen Teilprozesse trotz des jeweils vergleichsweise geringen Aufwands so lange dauern, klangen allerdings durchaus nachvollziehbar. Daran kann man wohl nichts ändern. Die klassische Wertstromanalyse, wie sie in vielen Unternehmen und von vielen Unternehmensberatern täglich angewendet wird, hält hier keine weiteren Antworten parat.

Das liegt daran, dass die eigentlich interessante Dimension von der üblichen Wertstromkarte nicht abgebildet werden kann: die Hierarchie des Unternehmens. In dieser, der dritten Dimension der Wertstromkarte, befindet sich jedoch meistens das mit Abstand größte Effizienzpotenzial; ein Potenzial, das bei ausschließlicher Betrachtung der einzelnen Prozessschritte nach Dauer und Aufwand, wie es die herkömmliche Wertstromanalyse vorsieht, nicht gehoben werden kann. Das gelingt nur bei einer Wertstromanalyse, die alle drei wichtigen Dimensionen gleichzeitig betrachtet: die Struktur der Prozessabläufe, die Zeit in Dauer und Aufwand und eben auch die mit dem Projekt beschäftigten Hierarchieebenen.[73]

Abbildung 14: Die notwendige dritte Dimension der Wertstromanalyse

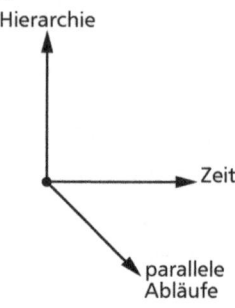

Quelle: vgl. Schubert (2012), S. 428

Um die dritte Dimension auf der Wertschöpfungskarte sichtbar zu machen, muss man die Wertstromkarte um die x-Achse drehen. Dann klappt die Achse, auf der die Struktur der Prozessschritte dargestellt wird, nach vorne. Sie muss aber weiterhin sichtbar bleiben. Zusätzlich erscheint nun die Achse, auf der die Interaktion der verschiedenen Hierarchieebenen im zeitlichen Verlauf des Projektes sichtbar wird und die bei der herkömmlichen Wertstromkarte sonst verborgen geblieben wäre, weil sie senkrecht zur Zeichenebene steht.

Für das Projekt aus Fallbeispiel 15 ergibt sich durch Drehung der Wertstromkarte um die x-Achse ein neues, in Abbildung 15 dargestelltes Bild. Auf der nun sichtbaren Hierarchieebene erkennt man neben den operativen Aktivitäten (durchgezogene Linie), die der Umsetzung des Projektes dienen, einen weiteren Strang von Aktivitäten: die so genannten »unterstützenden Aktivitäten« (gestrichelte Linie).

Abbildung 15: Die 3-dimensionale Wertstromkarte des Entwicklungsprojektes

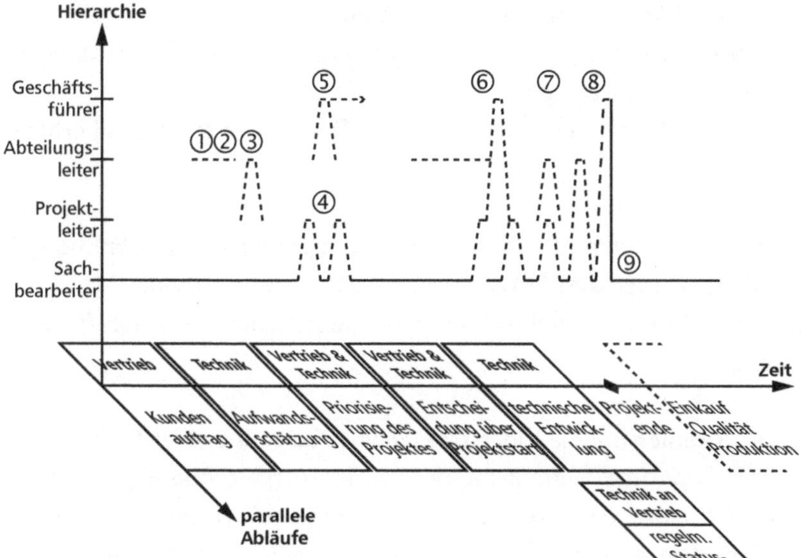

Quelle: vgl. Schubert (2012), S. 429

In der 3-dimensionalen Wertstromkarte fällt auf, wie viele unterstützende Aktivitäten scheinbar losgelöst von der unmittelbaren Projektarbeit ausgeführt werden und welche Führungskräfte aller Managementebenen sich zusätzlich zu den eigentlich verantwortlichen

Sachbearbeitern mit dem Projekt beschäftigen. Einige dieser unterstützenden Aktivitäten unterbrechen sogar den Projektfortschritt. Ob all dies notwendig ist und ob die Führungskräfte mit ihren Interventionen den Wertschöpfungsprozess wirklich unterstützen, kann auch die 3-dimensionale Wertstromkarte nicht beantworten. Sie visualisiert nur die Vorgänge, die in der herkömmlichen Wertstromkarte verborgen bleiben. Aber mit ihrer Hilfe können nun die folgenden, in einer Wertstromanalyse wesentlichen drei Fragen sehr viel verlässlicher und realistischer als zuvor beantwortet werden:

1. Steigern die Unterstützungsaktivitäten die Effizienz und/oder Effektivität der primären Aktivitäten?
2. Wäre es von Nachteil oder von Vorteil, wenn die unterstützenden Aktivitäten wegfielen?
3. Aus welchem Grund mischen sich die Führungskräfte überhaupt ein?

Untersucht man den Ablauf des Entwicklungsprojektes aus Fallbeispiel 15 anhand dieser drei Fragen und mit Hilfe der in Abbildung 15 dargestellten 3-dimensionalen Wertstromkarte, dann zeigt sich folgende Situation:

Die 3-dimensionale Wertstromanalyse zu Fallbeispiel 15
Noch stolz auf seine erfolgreichen Vertragsverhandlungen mit dem Kunden berichtet der vertriebliche Sachbearbeiter seinem Chef, dem Abteilungsleiter für Vertrieb, von der gerade laufenden Aufwandsschätzung des technischen Sachbearbeiters. Dabei beschwert er sich insbesondere über die von den Ingenieuren veranschlagte Entwicklungsdauer, die ihm mit 60 Tagen als viel zu lang erscheint. Er erwähnt der Fairness halber zwar auch, dass die geplante Projektlaufzeit damit noch im Durchschnitt der letzten Jahre liegt. Aber ärgerlich sei es schon, weil er sich sicher ist, dass er viel mehr verkaufen könnte, wenn die Technik nur

schneller entwickeln würde. Der Abteilungsleiter verspricht seinem Mitarbeiter daraufhin, mit seinem Kollegen aus der Technik zu sprechen.

Zu Nummer 1 aus Abbildung 15: Im ersten Gespräch auf der unterstützenden Ebene fragt also der Vertriebsleiter seinen Kollegen, den Abteilungsleiter für Technik, ob die Entwicklung nicht schneller und möglichst auch kostengünstiger geschehen könne. Dieser verneint das bedauernd mit einer Reihe fachlicher Begründungen, die sein Vertriebskollege natürlich nicht nachprüfen kann.

Zu Nummer 2 aus Abbildung 15: Kurze Zeit später kommt es zu einem zweiten Treffen zwischen den beiden Abteilungsleitern, weil der Vertriebssachbearbeiter seinem Chef bedeutet hat, dass er die ihm gesteckten Ziele kaum erreichen könne, wenn die Technik sich nicht mal ein bisschen beeilt. Ziel dieses Meetings, das wiederum der Abteilungsleiter für Vertrieb einberufen hat, war es, mit ein wenig sanftem Druck auf den Kollegen aus der Technik einzuwirken. Denn ein bisschen was gehe doch schließlich immer. Auch dieses Meeting endet aus Sicht des Vertriebsleiters ohne Ergebnis, da der technische Abteilungsleiter auf die nach dem »Stand der Technik« angeblich vorgeschriebenen Entwicklungs- und Testschritte besteht, die nun mal Zeit kosten würden. Ansonsten, so merkt der Technikleiter etwas spitz an, könne ja nach Entwicklungsende gern auch der Vertriebsleiter die technischen Freigabeprotokolle unterschreiben. Ein unsachlicher Vorschlag, den der Kollege aus dem Vertrieb selbstverständlich und bereits ziemlich ärgerlich ablehnt.

Zu Nummer 3 aus Abbildung 15: Nach diesen beiden unerfreulichen Gesprächen auf Abteilungsleiterebene beruft der Technikchef ein Meeting mit dem ihm unterstellten Projektleiter ein und berichtet ihm von dem Druck, den der Vertrieb macht. Die technische Aufwandsschätzung läuft noch, aber der Technikleiter bittet den Projektleiter trotzdem nicht, das Projekt zu beschleunigen. Denn aus Erfahrung führt dies nur zu teurer und zeitraubender Nacharbeit. Er macht dem Projektleiter jedoch klar, dass definitiv kein Fehler passieren dürfe und geht das Projekt deshalb mit dem Projektleiter nochmals Stück für Stück durch. Das kostet ihn zwar mehrere Stunden, während denen seine eigentliche Arbeit liegen bleibt. Aber das Projekt und der dahinterstehende Kunde sind wichtig, und mindestens so wichtig ist es ihm, dem Vertrieb (nicht schon wieder) eine Steilvorlage zu liefern.

Zu Nummer 4 aus Abbildung 15: Unabhängig davon finden auf der Arbeitsebene Priorisierungsrunden zwischen den vertrieblichen Sachbearbeitern, die ihre Umsatzziele je Projekt und Kunde darlegen und den technischen Sachbearbeitern sowie dem Projektleiter, die aus ihrer Erfahrung den Aufwand und die Kosten pro Projekt abschätzen, statt.

Zu Nummer 5 aus Abbildung 15: Parallel hierzu gibt es eine Krisensitzung auf höherer Managementebene, in der der vertriebliche Abteilungsleiter nun im Beisein des Geschäftsführers versucht, aus der Technikabteilung mehr herauszuholen – noch unter dem Eindruck seiner eigenen Mitarbeiter, die ihm gut begründet gesagt haben, welcher Umsatzanteil angesichts der offenbaren Engpässe in der Technik im Risiko ist. Dadurch steigt der Druck auf den Technikleiter, der jedoch zu diesem Zeitpunkt nur die Planungsdaten aus dem Projektmanagementsystem wiederholen kann. Das Thema wird kontrovers, aber wiederum ergebnislos diskutiert, so dass der Abteilungsleiter für Vertrieb den Geschäftsführer nach der Sitzung um ein Vier-Augen-Gespräch bittet, in dem er diesen vor den durch die Technik und ihre »überpräzise« Arbeitsweise zu verantwortenden Verzögerungen warnt; natürlich mit dem Hintergedanken, seine Umsatzziele vielleicht noch reduzieren zu können. Der Geschäftsführer durchschaut dies und lässt ihn abblitzen, nicht zuletzt, weil ein gewisser Druck sich ja positiv auf die Leistungsfähigkeit auswirken könnte. Aus Sicht des Vertriebsleiters endet das Gespräch ergebnislos.

Zu Nummer 6 aus Abbildung 15: *Der Geschäftsführer behält das Thema aber nun im Kopf und bittet seinerseits die Techniker (den Abteilungsleiter als seinen direkten Mitarbeiter und den Projektleiter als fachlich kompetenten Experten) zum Gespräch, um sich selbst ein Bild über den tatsächlichen Sachstand und das damit verbundene Risiko zu machen. Das Gespräch wurde von dem technischen Sachbearbeiter intensiv vorbereitet, weil davon seine weitere Arbeit abhängt und findet unmittelbar im Anschluss an die auf Abteilungsleiterebene getroffene und zuvor kontrovers diskutierte Entscheidung statt, das Projekt unter den gegebenen Rahmenbedingungen zu starten.*

Auch dieses Gespräch endet jedoch ohne konkrete Ergebnisse, weil die Entwicklung gerade erst begonnen hat und der Projektleiter meint, noch keine genauen Aussagen über vermutliche technische Probleme und sich daraus eventuell ergebende zeitliche Verzögerungen oder Kostensteigerungen machen zu können. Der technische Sachbearbeiter wird nach dem Gespräch instruiert, weiter zu machen wie geplant.

Zu Nummer 7 aus Abbildung 15: *Die Botschaft ist jedoch angekommen, und nun finden während der technischen Entwicklung regelmäßig Meetings zwischen Projektleiter und Sachbearbeiter sowie zwischen Abteilungsleiter und Projektleiter statt. Ziel all dieser Meetings ist es, sich davon zu überzeugen, dass alles wie geplant verläuft und keine Fehler passieren. Die Vorbereitung dieser Meetings wie auch der Meetings davor, insbesondere das bei der Geschäftsführung, kostet allerdings viel Zeit. Vor allem die Erstellung von PowerPoint-Folien, auf denen komplexe Zusammenhänge für eine 5-minütige Präsentation in einem politisch aufgeheiztes Klima erstellt werden müssen, stellt sich als eine echte und zeitraubende Herausforderung dar.*

Zu Nummer 8 aus Abbildung 15: *Die ständigen Meetings und Krisensitzungen hören erst auf, als der technische Sachbearbeiter über den Projektabschluss berichtet. Üblicherweise* *wird das Projektende nur als Freigabemarker im elektronischen Projektmanagementsystem bekannt gegeben, woraufhin alle Projektbeteiligten und insbesondere die im Projektablauf nachfolgenden Stellen, wie der Einkauf, die Qualitätsabteilung, die Arbeitsvorbereitung und schließlich die Produktion, eine automatische elektronische Benachrichtigung erhalten und im Teileverwaltungsprogramm die notwendigen Daten abfragen können.*

Dieses Mal jedoch muss eine letzte große Projektpräsentation vor dem Geschäftsführer gehalten werden. Weil das Projekt im Rahmen der normalen Projektroutine und der ursprünglichen Planung gut gelaufen ist, darf der technische Sachbearbeiter selbst darüber berichten und die Präsentation halten. Auf Grund der aufgeheizten Stimmung erstellt er die Präsentation natürlich in enger Abstimmung und mit mehrmaliger Rücksprache bei dem Projektleiter und dem technischen Abteilungsleiter, der sich ebenfalls von Zeit zu Zeit über den Fortschritt dieses und einer Reihe weiterer ähnlicher Projekte berichten lässt. Der Abteilungsleiter weiß zwar nicht so recht, welchen Beitrag er eigentlich leisten kann, aber sicher ist sicher, und als Chef muss er ja schließlich jederzeit auskunftsfähig sein.

Zu Nummer 9 aus Abbildung 15: *Das Projekt hat genau so lange gedauert, wie der technische Sachbearbeiter es zu Beginn geschätzt hatte. Es wäre allerdings schneller gegangen, wenn er nicht ständig in Meetings hätte sitzen müssen oder irgendwelche PowerPoint-Präsentationen für seine Chefs hätte erstellen müssen.*

Mit den Ergebnissen dieser 3-dimensionalen Wertstromanalyse kann man eine ganze Reihe von Effizienzpotenzialen in der Organisation heben, die in einer herkömmlichen Wertstromanalyse verborgen bleiben. Ebenso wichtig ist jedoch die Erkenntnis, dass an den geschilderten Problemen niemand schuld ist. Weder der Technikleiter noch der Vertriebsleiter konnten sich anders verhalten, als sie es getan haben.

Jeder von beiden, und auch alle anderen Akteure, haben ihre jeweiligen Positionen nach bestem Wissen und Gewissen und aus ihrer Sicht im Interesse des Unternehmens vertreten. Der Technikleiter muss dafür sorgen, dass nach dem Stand der Technik entwickelt wird. Der Vertriebsleiter achtet mit gleichem Recht auf die Einhaltung der Termine und Umsatzziele. Trotzdem haben beide durch ihr Verhalten den Projektfortschritt eher behindert als gefördert und dem Unternehmen letztlich nicht genutzt.

Auf der anderen Seite ist es selbstverständlich, dass jeder der beiden Abteilungsleiter diejenigen Ziele verfolgt, an denen er und seine Abteilung gemessen werden. Der Vertriebsleiter will Umsatz machen und ist durch mögliche Entwicklungsprobleme nur schwer zu beeindrucken. Der Technikleiter kümmert sich zwar um technisch einwandfreie Lösungen, interessiert sich jedoch nur am Rande für deren Umsatzwirksamkeit. Keinem von beiden kann ein Vorwurf gemacht werden, denn sie verhalten sich rational eigennutzmaximierend entsprechend der ihnen gesetzten Ziele, und natürlich entsprechend Ihrer persönlichen Interessen, zu denen auch Selbstdarstellung als durchsetzungsstarker Chef gehören kann. Ob das alles dann noch im Interesse des Unternehmens und seiner Kunden ist, ist jedoch eher eine Frage des Zufalls.

Die 3-dimensionale Wertstromanalyse ist ein wichtiges Instrument zur Einführung von interner Kundenorientierung, weil sie das beobachtbare Verhalten aller Beteiligten anhand von frei verfügbaren Informationen darstellt, ohne einzelne Akteure für vermeintliches Fehlverhalten zu beschuldigen. Sie visualisiert die Interventionen höherer Führungskräfte in den operativen Abläufen und stellt damit eine objektive Datenbasis zur Verfügung, mit Hilfe derer entschieden werden kann, ob jede dieser Interventionen tatsächlich notwendig ist. Wenn ja, dann sollte sie auch zukünftig als wertschöpfender Bestandteil der unternehmerischen Prozesse eingeplant werden. Andernfalls sollten die Ziele und Interessen der Beteiligten so aufeinander abgestimmt werden, dass sich Vorgesetzte nicht mehr einmischen müssen.

Betrachten die Beteiligten »ihre« 3-dimensionale Wertstromkarte, dann stellen sie sich fast zwangläufig die Frage, ob das eine oder andere tatsächlich notwendig war. Das Resultat dieser Überlegungen sind Kooperationsprozesse, bei denen die Interessen der internen und letztlich der externen Kunden immer im Vordergrund stehen.

Eingesetzt werden sollte die 3-dimensionale Wertstromanalyse, wenn die begründete Annahme besteht, dass die von den Fachabteilungen mitgeteilten Projekt- oder Prozessdauern vielleicht doch noch nicht das Optimum widerspiegeln. Indizien hierfür sind beispielsweise wiederkehrende hierarchieübergreifende Meetings zu einem Projekt, Emails zu einem Projekt mit vielen »CCs« , aber auch Mitarbeiter, die sich beklagen, ständig unterbrochen zu werden und nicht »in Ruhe« arbeiten zu können.

8.4 Egoismen nutzen

In den meisten Unternehmen hat sich die hierarchische Organisationsstruktur im Lauf der Zeit entwickelt und ist über viele Jahre gewachsen. Abteilungen werden gebildet und Geschäftsbereiche definiert. Je nach unternehmerischer Herausforderung ist die Organisationsstruktur mehr oder weniger stark veränderlich. Wenn sie umgestaltet wird, dann üblicherweise weil sich die Anforderungen des Marktes geändert haben. Das Ergebnis der strukturellen Veränderungen zeigt sich mal als Dezentralisierung mit flacherer Hierarchie und mal als Konzentration der Entscheidungsbefugnisse mit relativ vielen aufeinander aufbauenden Hierarchieebenen.

In jedem Fall ist es wichtig, dass diejenigen Teile der Wertschöpfungskette, die zur Herstellung eines Produktes oder einer Dienstleistung für einen bestimmten Kunden zusammenarbeiten müssen, nicht durch die Organisationsstruktur voneinander getrennt werden. Kommt es zu unternehmensinternen Abstimmungskonflikten, dann wird oft der hierarchische Aufbau für die Probleme verantwortlich gemacht. Die Anzahl der vertikalen Hierarchiestufen im Unternehmen ist jedoch gar nicht so entscheidend. Wichtig ist vielmehr eine effektive Koordination der verschiedenen organisationalen Teile (Abteilungen) innerhalb der für einen bestimmten Kunden relevanten horizontalen Wertschöpfungskette. Es kann durchaus eine ganze Reihe von vertikalen Hierarchieebenen geben, ohne dass dies horizontal für die Zusammenarbeit auf der operativen Ebene zum Problem wird.

Allerdings muss man bedenken, dass die vertikale Organisationsstruktur, die in jedem Unternehmen als Abteilungsgrenzen sichtbar ist, immer genau konträr zum Wertschöpfungsstrom verläuft. Die Gefahr ist daher groß, dass die Wertschöpfungskette durch Einzelinteressen der verschiedenen Abteilungen regelrecht zerhackt wird. In Fallbeispiel 15 wollte eine Abteilung ihre Partikularinteressen gegen die Nachbarabteilung und selbst gegen die übergeordneten Interessen des Unternehmens durchsetzen, indem sie sogar versuchte, den Geschäftsführer zu instrumentalisieren. Druck aufzubauen konnte jedoch nicht funktionieren, weil die Nachbarabteilung gegen ihr eigenes Interesse handeln würde, wenn sie nachgegeben hätte. Der bessere Weg ist, das Eigeninteresse des Gegenübers zu akzeptieren und die daraus resultierenden Abteilungsegoismen produktiv zu nutzen.

Zielematrix

Dafür muss zunächst das übliche hierarchische Management-by-Objectives-Verfahren (»Führen durch Ziele«) zu einer Zielematrix erweitert werden. Denn im Rahmen von Management-by-Objectives werden zwar die Unternehmensziele in Bereichsziele aufgeteilt und diese wiederum in Abteilungsziele herunter gebrochen. Was jedoch in den meisten Fällen nicht erfolgt, ist der Vergleich der verschiedenen Abteilungsziele untereinander. So kommt es dann – um bei dem genannten Fallbeispiel zu bleiben –, dass der Vertrieb Ziele bezüglich Umsatz, Absatz und Auftragseingang erhält, die Technik aber an der Anzahl der Entwicklungsprojekte gemessen wird.

Unter diesen Umständen bearbeitet die Technikabteilung selbstverständlich zuerst die technisch am einfachsten zu realisierenden Projekte und verschiebt die komplexeren auf einen späteren Zeitpunkt im Geschäftsjahr. Das ist jedoch nicht im Interesse des Vertriebs, der es lieber sehen würde, wenn die Technik mit den schwierigeren Projekten beginnen würde, die ja oft nur deswegen komplexer sind, weil dahinter umsatzstarke und deshalb fordernde Kunden stehen.

Konflikte sind vorprogrammiert, denn Management-by-Objectives berücksichtigt in keiner Weise die Kooperationsbeziehungen in der horizontalen Wertschöpfungskette. Es ist eine ausschließlich am vertikalen Organigramm des Unternehmens orientierte Methode der Zielfindung, bei der jede Form persönlicher Eigennutzmaximierung fast automatisch zu erheblichen Reibungsverlusten führt. Zwei Abteilungsleiter, die beide lieber früher als später in der sich nach oben verjüngenden Unternehmenshierarchie aufsteigen wollen, arbeiten sehr wahrscheinlich nicht so gut zusammen, wie es möglich wäre.

Die Zielematrix aus Abbildung 16 kann dieses Problem abmildern. Denn in der Zielematrix werden die Unternehmensziele nicht nur kaskadisch auf die einzelnen Bereiche und nachfolgenden Abteilungen verteilt, sondern im Interesse einer funktionierenden internen Kundenorientierung abteilungsübergreifend miteinander verknüpft.

Abbildung 16: Zielematrix statt Management-by-Objectives

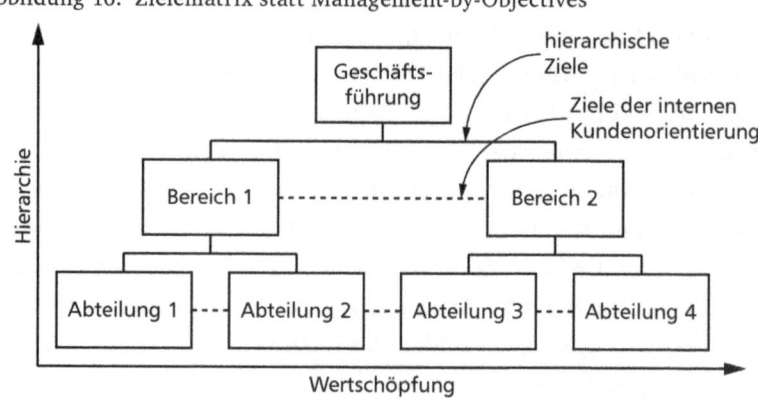

Durch die horizontale Abstimmung der Einzelinteressen kann das Unternehmen sicherstellen, dass miteinander konkurrierende Kollegen nicht zum Schaden des Unternehmens gegeneinander arbeiten, sondern die Ziele ihrer internen Kunden ebenfalls im Blick behalten. Denn in der Zielematrix wird jede Abteilung zumindest zu einem gewissen Teil auch daran gemessen, ob sie im Rahmen der innerbetrieblichen Wertschöpfungskette ihren Beitrag zur Realisierung nicht nur der eigenen Ziele, sondern auch der Ziele der Nachbarabteilung beiträgt.

Diese gegenseitige Abhängigkeit erhöht die Kooperationsbereitschaft eigennutzmaximierender Mitarbeiter im Sinne des Unternehmens, ohne das opportunistische Kalkül des betreffenden Mitarbeiters zu torpedieren. Denn noch immer wird jeder einzelne Mitarbeiter im Sinne von Management-by-Objectives an der Realisierung der ihm gestellten Aufgaben gemessen, nur dass diese Aufgaben nun auch die Interessen potenziell konkurrierender Bereiche, Abteilungen und Kollegen enthalten.

Schlüsselmitarbeiter

Für die besonders leistungsbereiten und unter anderem deswegen äußerst zielorientierten Mitarbeiter mit weit überdurchschnittlicher Arbeitsleistung ist diese Form der horizontalen Kooperation aber gar nicht unbedingt interessant.

Denn obwohl offene Kommunikation und Kooperation für die horizontale Wertschöpfung zwar unbedingt notwendig sind, kann es für den persönlichen Aufstieg in der Praxis dennoch vorteilhafter sein, bestimmte Informationen vor Kollegen zu verbergen und zum eigenen Vorteil zu nutzen. Schließlich kann man nicht *mit* den Kollegen, sondern nur *gegen* die Kollegen aufsteigen. Solche im allgemeinen als »high potentials« bezeichneten Mitarbeiter stecken oftmals in einem Zielkonflikt zwischen der unternehmerischen Wertschöpfung aus horizontaler Kooperation und ihrer persönlichen vertikalen Karriereorientierung, wie Abbildung 17 zeigt.

Abbildung 17: Wenn Karriereorientierung das Unternehmen zerstört

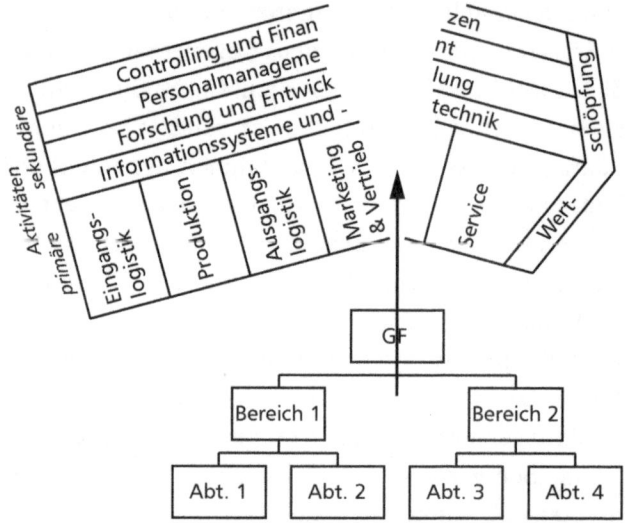

Quelle: Schubert (2009), S. 13

Das persönliche Streben nach hierarchischem Aufstieg ist unternehmerisch bis zu einem gewissen Grad durchaus gewollt, weil es Ausdruck für den Leistungswillen und das Engagement des betreffenden Mitarbeiters ist. Als Schlüsselmitarbeiter wertvoll sind Mitarbeiter für das Unternehmen jedoch nur, wenn sie neben ihren eigenen persönlichen Zielen auch die Ziele des Unternehmens in ausreichender Art und Weise berücksichtigen, wenn sie also die Balance zwischen Egoismus auf der einen Seite und Teamarbeit auf der anderen Seite finden. Denn dann haben sie bewiesen, dass sie ihre Kollegen als interne Kunden betrachten. Diese kundenorientierte Definition von Schlüsselmitarbeitern ist in Abbildung 18 dargestellt.

Die Schlüsselmitarbeiter-Matrix unterscheidet zwischen Wertschöpfungsorientierung und Karriereorientierung. Ersteres ist für das Unternehmen wichtig. Zweiteres gibt die primären Interessen der Mitarbeiter wieder und ist ein Synonym für das Streben nach Realisierung der persönlichen Wünsche, worin diese auch immer bestehen.

Abbildung 18: Die Schlüsselmitarbeiter-Matrix

Quelle: Schubert (2009), S. 24

In Kombination mit der notwendigen Wertschöpfungsorientierung sind analog zu Abbildung 18 die folgenden vier Mitarbeitertypen denkbar:

Skrupellose Mitarbeiter sind ausschließlich karriereorientiert und vernachlässigen dabei die legitimen Ziele des Unternehmens, indem sie mit erfahrungsgemäß teils harten Bandagen gegen ihre Kollegen und/oder Nachbarabteilungen kämpfen. Auf Dauer verursachen sie hohen Kollateralschaden, weil sie auf dem Weg »nach oben« bei oftmals geringer Verweildauer in einer Funktion kaum je für ihre Versäumnisse verantwortlich gemacht werden können. Skrupellose sind oft ausgesprochen leistungsorientiert und können in kurzer Zeit viele Aufgaben erledigen. Ohne Verantwortungsgefühl für die unternehmerischen Interessen ist dies jedoch nur von eingeschränktem Nutzen für das Unternehmen. Auch die von Sattelberger beschriebenen »Portfolio-Virtuosen«[74], die nur so lange in einer Tätigkeit verweilen, bis der Jobtitel auf der Visitenkarte gut genug klingt, gehören in diese Kategorie.

Folgsame Mitarbeiter sind zwar pflichtbewusst und erledigen alle ihre Aufgaben stets zur vollsten Zufriedenheit des Vorgesetzten, wie es im Arbeitszeugnis heißen würde, tun das jedoch im Wesentlichen auf Anweisung. Sie kümmern sich durchaus um die Belange ihrer internen Kunden, indem sie stets bemüht sind, ihre Aufgaben nicht nur zur Zufriedenheit ihres Vorgesetzen zu erledigen, sondern auch im Sinne ihrer Kollegen. So fragen sie beispielsweise immer wieder mal nach, ob alles in Ordnung war und freuen sich, wenn es keine Probleme gibt. Insofern sind sie ausgesprochen wertschöpfungsorientiert. Andererseits fehlt ihnen der eigennützige Opportunismus, der Menschen in Organisationen dazu bringt, kreativ und ideenreich das Beste aus sich und den Menschen in ihrer Arbeitsumgebung heraus zu holen. Folgsame warten auf die Ideen derer, die ihnen sagen, was sie tun sollen. Im täglichen Umgang sind sie zwar recht angenehm, aber ihr Mehrwert für das Unternehmen ist eingeschränkt.

Phlegmatische Mitarbeiter erledigen ihren Job im Allgemeinen zwar zufriedenstellend und arbeiten ihre Aufgaben stets vollständig und im vorgegebenen Zeitrahmen ab, engagieren sich dabei jedoch nur so weit, wie es unbedingt notwendig ist, nicht aber mit ihrer eigentlich möglichen Leistungsfähigkeit. Sie suchen ihren persönlichen Vorteil in möglichst geringer Leistung am Arbeitsplatz, ohne diesen gegen einen anderen Arbeitsplatz mit höheren Karrierechancen eintauschen zu wollen. Ihre persönlichen Ziele verwirklichen sie vor allem außerhalb der Arbeitszeit in privaten Hobbies. Dem Unternehmen bleiben sie unter Umständen sehr lange an ihrem aktuellen Arbeitsplatz erhalten, weil sie einerseits selbst keine Initiative zur Veränderung ihrer Situation entwickeln und andererseits stets darauf bedacht sind, dem Unternehmen trotz ihrer geringen Leistungsbereitschaft keinen Grund zur Klage zu geben, um ihre Komfortzone nicht zu gefährden. Phlegmatische Mitarbeiter leben auf Kosten aller anderen Menschen in ihrer Arbeitsumgebung. Aus Phlegmatismus wird Skrupellosigkeit, wenn zusätzlicher Einsatz nicht mit höherem Zeitaufwand verbunden wäre, sondern nur mit hoher Leistungsbereitschaft. Mitarbeiter haben die Pflicht, sich im Rahmen der vertraglich vereinbarten Arbeitszeit immer mit ihrer vollständigen Leistungsfähigkeit zu engagieren. Ob sie das tatsächlich tun, können sie jedoch oftmals nur selbst beurteilen. Vorgesetzte sind bei individueller Leistungszurückhaltung meist machtlos. Phlegmatische und skrupellose Mitarbeiter stellen ihre eigenen Interessen über die des Unternehmens – und kommen damit viel zu oft durch.

Schlüsselmitarbeiter verbinden in ihrer Arbeitsweise unternehmerisches Denken und Handeln mit konkreten Visionen für ihre persönliche Zukunft. Sie setzen sich an ihrem aktuellen Arbeitsplatz mit ihrer gesamten Leistungsfähigkeit für das Unternehmen ein, weil sie ihre persönlichen Ziele in diesem Unternehmen erreichen wollen. Deshalb achten sie darauf, dass ihre Arbeitsergebnisse nicht nur geeignet sind, sie selbst als vielversprechende Fach- oder Führungskraft zu empfehlen, sondern zugleich immer auch uneingeschränkt den Interessen des Unternehmens entsprechen. Da sie auf Dauer für das aktuelle Unternehmen tätig sein wollen, achten sie stets auf die langfristigen Auswirkungen ihrer Entscheidungen und Handlungen und verhalten sich zu jedem Zeitpunkt unternehmerisch.

Der generelle Unterschied zwischen Unternehmern und Angestellten ist, dass Unternehmer ein größeres intrinsisches Interesse am langfristig erfolgreichen Bestehen ihres Unternehmens haben. Denn das Unternehmen ist oftmals alles, was sie besitzen und soll nicht nur irgendwann der nächsten Generation übertragen werden, sondern auch als (Alters-)Versicherung für die aktuelle Unternehmergeneration dienen. Dafür muss es vorausschauend und mit Augenmaß geführt werden. Angestellte haben demgegenüber immer die Option, im Zweifelsfall das Unternehmen zu wechseln. Sie könnten gegebenenfalls im nächsten Unternehmen unbelastet und bei fortlaufendem Einkommen einer neuen Tätigkeit nachgehen. In diesem Sinne sind selbst einige hochbezahlte Angestellte und Vorstände keine Schlüsselmitarbeiter ihres Unternehmens.[75]

So legitim das Verfolgen persönlicher Interessen ist, so wichtig ist es dennoch, diese stets mit den Zielen des Unternehmens bzw. der Abteilung in Einklang zu bringen. Mitarbeiter, die sich ausschließlich und rücksichtslos um ihre persönlichen Interessen kümmern, können dem

Unternehmen Schaden zufügen, selbst wenn es sich um hochqualifizierte Fach- und Führungskräfte handelt. Denn für die horizontale Wertschöpfung ist unbedingte Kooperation und offene Kommunikation zwischen Kollegen und über die Hierarchieebenen hinweg notwendig. Aus Unternehmenssicht und auch aus Sicht von Kollegen sind daher nur solche Mitarbeiter wirkliche Schlüsselmitarbeiter, die sich mit gleicher Energie für das Unternehmen und die unternehmerische Wertschöpfung einsetzen wie für ihre eigenen, persönlichen Ziele.

Trotzdem ist Egoismus eine positive Eigenschaft von Mitarbeitern, weil sie zu Höchstleistungen anspornt. Sie muss allerdings im Einklang mit den unternehmerischen Zielen und Aufgaben stehen. Wenn das der Fall ist, dann kann der individuelle Egoismus zum Vorteil der internen Kunden des betreffenden Mitarbeiters und damit zum Vorteil des Unternehmens genutzt werden.

8.5 Den übernächsten Kunden zufrieden stellen

Im Marketing gibt es das Prinzip der »Customer Excellence«, wonach es nicht ausreicht, die Kunden des Unternehmens nur zufrieden zu stellen. Kundenzufriedenheit ist der Minimalstandard, den Anbieter immer einhalten müssen, um überhaupt zu überleben. Denn warum sollte ein Kunde ein zweites Mal bei einem Anbieter kaufen, wenn er beim ersten Mal unzufrieden war?

Da sich also alle Anbieter schon aus purer Notwendigkeit heraus Kundenorientierung auf die Fahnen geschrieben haben, kann man sich nur von seinen Wettbewerbern abheben, indem man stets ein kleines bisschen mehr macht als die Konkurrenten: indem man seine Kunden also mehr als zufrieden stellt, sie sozusagen »begeistert«. Das ist das Prinzip der »Customer Excellence«.[76]

Dieser Begeisterungsfaktor darf natürlich kein Geld kosten. Denn was ist Kundenbegeisterung ohne Profitabilität? Die Frage, die sich sowohl im Endkundensegment als auch im Geschäftskundenbereich damit stellt ist, wie man herausfindet, was den Kunden wirklich wichtig ist und wie man es möglichst zielgenau und zugleich kostengünstig realisieren kann.

Herausfinden, was Kunden wirklich wertschätzen, ist relativ einfach. Man sollte dafür nur nicht ausschließlich die eigenen Kunden fragen, sondern auch deren Kunden – die Kunden zweiter Ordnung sozusagen – und bei diesen einen Bedarf für das Produkt erzeugen.

Diese Methode nennt man »market-pull«, weil den Kunden nicht das Produkt des Unternehmens aufgenötigt wird (wie bei »market-push«), sondern weil bei den Kunden der Kunden ein Bedarf erzeugt wird, mit dem diese dann bei den eigentlichen Kunden des Unternehmens das Produkt nachfragen. Mit dieser Methode arbeiten viele Branchen. Die Kunden der Kosmetikindustrie sind beispielsweise nicht die Endverbraucher, sondern die Einzelhändler. Dennoch macht die Kosmetikindustrie Fernsehwerbung, bei der sie die Endverbraucher direkt anspricht, damit diese anschließend das Produkt bei den Einzelhändlern nachfragen. Hersteller von Kfz-Zubehör, die Fernsehsendungen über Auto-Tuning unterstützen, arbeiten nach dem gleichen Prinzip. Im direkten Endkundengeschäft funktioniert das genauso. Nur ist hier der Kunde zweiter Ordnung nicht unbedingt eine andere Person, sondern häufig die Gesellschaft als solche. Es ist deutlich einfacher, das neue Modell eines Mobiltelefons zu verkaufen, wenn man nicht jedes einzelne Produktmerkmal mit dem tatsächlichen Bedarf des betreffenden Kunden vergleichen muss, sondern eine Art »muss-ich-haben«-Gruppenzwang erzeugen kann.

Bei Kunden erster oder zweiter Ordnung einen Bedarf zu erzeugen, beherrschen die meisten Unternehmen recht gut. Aber wenn die anschließende Leistung dem geschürten Bedarf nicht gerecht wird, dann hat das Unternehmen ein noch größeres Problem als vor dem Einsatz dieses Marketing-Instruments. Die Kunden wären dann nicht nur nicht begeistert, sondern regelrecht ärgerlich und im schlimmsten Falle weg. Erfolgreiches market-pull setzt gut funktionierende Prozessabläufe innerhalb des Unternehmens voraus.

Um sicher zu stellen, dass Customer Excellence wirklich funktioniert, sollte man die gleichen Prinzipien, die das Unternehmen am Markt erfolgreich machen, auch auf die interne Organisation übertragen. Man sollte sich also stets fragen, ob durch die eigene Arbeit auch die Kunden der internen Kunden zufrieden gestellt werden konnten. Das sind die Kunden zweiter Ordnung und aus Prozesssicht die Garanten dafür, auf dem richtigen Weg zu sein. Mit »market pull« innerhalb des Unternehmens kann man dafür sorgen, dass der Kundenwunsch zuverlässig durch alle Teilbereiche des Unternehmens getragen wird.

Abbildung 19: Market-Pull

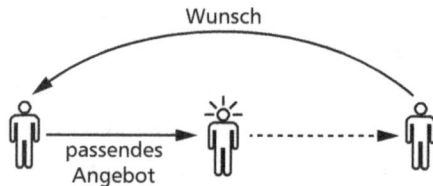

Die Kunden zweiter Ordnung zu befragen hat zwei Vorteile: zum einen umgeht man das grundsätzliche Problem bei Fragen nach »Wünschen«, dass persönliche Spannungen zwischen den handelnden Personen, Unterschiede in der Machtverteilung oder zielbedingte Konflikte die Antwort möglicherweise zum Nachteil des Fragenden beeinflussen. Zum anderen kann man auf diese Weise mit größerer Verlässlichkeit sicherstellen, dass derjenige, der sich soweit öffnet, die Wünsche seiner »Kollegen-Kunden« zu erfragen, auch wirklich selbst als interner Kunde befragt wird. Denn wenn Probleme dazu führen, einen Kollegen nicht mit der für interne Kundenorientierung typischen Zuvorkommenheit behandeln zu wollen, dann sind dies normalerweise Probleme zwischen Kollegen, die unmittelbar zusammen arbeiten (müssen).

Überspringt man mit der Frage nach den Wünschen der internen Kunden die Ebene der direkten Zusammenarbeit, kann man solche Probleme von vornherein vermeiden. Kunden zweiter Ordnung sind verlässliche und auskunftsfähige Partner, wenn es darum geht, das eigene Angebot sowohl im Ergebnis als auch im Herstellungsprozess so aufzubauen, dass die Kunden mindestens zufrieden sind – intern ebenso wie extern.

8.6 Kosten optimieren

Wenn eine neue Führungs- oder Managementmethode vorgestellt wird, dann ist oftmals eine der ersten Fragen, was das wieder kosten wird. Viele dieser Methoden verursachen ja auch tatsächlich zusätzliche Kosten, ohne dass ihre positive Wirkung auf das Ergebnis des Unternehmens nachgewiesen werden könnte. Hierzu wieder ein Fallbeispiel:

Fallbeispiel 16: Einführung einer neuen Software für Projektmanagement
Die Kosten der Einführung einer neuen Projektmanagement-Software sind oftmals erheblich: Mitarbeiter müssen geschult und Schnittstellen der Software zu anderen IT-Systemen programmiert werden. Einige Unternehmen richten hierfür sogar eigene Projektbüros ein, die sich nur mit dem Management von Projekten allgemein beschäftigen und Projektleiter in der Anwendung der neuen Software beraten. Für komplexere Fragen stehen dann auch noch externe Berater zur Verfügung.

Ob sich der Aufwand lohnt, ob die Projekte also anschließend schneller und effizienter ablaufen, ist kaum nachweisbar und in vielen Fällen auch durchaus zweifelhaft. Wie häufig werden Abläufe im Unternehmen nicht von den Anforderungen der internen und externen Kunden bestimmt, sondern von den Möglichkeiten und Grenzen der eingesetzten Management-Software.

Die Einführung der neuen Projektmanagement-Software war für die Projektleiter ein voller Erfolg. Nach anfänglicher Dateneingabe ist nun der geplante Arbeitsaufwand für den Projektmitarbeiter per Knopfdruck abrufbar. Auch neue Kapazitäten sind einfach planbar. Dafür muss nur der Chef des betreffenden Kollegen gebeten werden, die Kapazitäten seines Mitarbeiters freizugeben. Bisher geschah das durch einen kurzen Anruf. Die Projektmanagement-Software macht es nun allerdings erforderlich, dass sich der Chef des Mitarbeiters in das System einloggt und über ein paar Mausklicks den Mitarbeiter für das Projekt freischaltet. Das ist im Prinzip ganz einfach und schnell erledigt, der Chef kennt sich nur leider nicht mit der Software aus und hat auch keine Zeit, sich einzuarbeiten.

So verursacht die Verbesserung der Managementprozesse in einem Teil des Unternehmens Probleme und zusätzlichen Aufwand in einem anderen Unternehmensteil.

Das ist bei interner Kundenorientierung anders. Diese Führungs- und Managementmethode beschäftigt sich nicht mit Inseln einzelner Teilprozesse, deren Verbesserung sich der einzelne Betroffene zwar wünschen mag, deren Wirkung auf das Geschehen im übrigen Unternehmen aber entweder nicht nachweisbar oder sogar negativ ist.

Interne Kundenorientierung und ihre Umsetzung durch kundenorientierte Personalführung betrachtet das gesamte Unternehmen und alle unternehmensinternen Prozesse von Beginn an konsequent aus der für Unternehmensprozesse einzigen wirklich relevanten Sicht: der Sicht der Kunden. Auf Abteilungsebene ist das die Sicht der nächsten Abteilung in der Prozesskette des Unternehmens, und auf Unternehmensebene die Sicht der externen Kunden des Unternehmens.

Ziel kann es dabei jedoch auch nicht sein, in jedem einzelnen Teilprozess des Unternehmens den internen bzw. externen Kunden das Maximum dessen anzubieten, was möglich ist. Wichtig ist vielmehr, den Kundenwunsch präzise zu treffen und weder zu wenig, noch zu viel anzubieten. Ersteres würde die Kunden zurecht enttäuschen. Zweiteres aber auch, weil die Kunden damit rechnen müssen, für das zusätzliche Angebot oder den zusätzlichen Service zur Kasse gebeten zu werden. Das passiert nicht nur externen Kunden, sondern ebenso oft internen Kunden, für die das allerdings oftmals nicht so einfach zu erkennen ist, wie das zuvor geschilderte Beispiel aus dem Projektmanagement zeigte: Durch den Einsatz der neuen Software konnte die im Projekt benötigte personelle Kapazität zwar »per Knopfdruck« ermittelt werden. Das bedeutete jedoch zusätzlichen Aufwand für die Führungskräfte, die für die Verteilung der personellen Kapazitäten ihrer Mitarbeiter verantwortlich sind. Ob sich der zusätzliche Aufwand der Führungskräfte für das Unternehmen insgesamt lohnt, ließe sich noch ermitteln; ob sich der persönliche Mehraufwand für die Führungskräfte allerdings aus deren eigener Sicht als internen Kunden des Projektleiters lohnt, kann bezweifelt werden.

Zusammengefasst ist folgendes Problem entstanden: der Projektleiter etabliert eine neue Projektmanagement-Software, die ihm das Leben erleichtern und seinen internen Kunden – dem Management der beteiligten Abteilungen – einen zusätzlichen Service in Form erhöhter Planungssicherheit bieten soll. Dieser Zusatzservice ist für das Management allerdings mit zusätzlichen Kosten verbunden, weil sie sich in die neue Software einarbeiten müssen. Werden sie zufriedene interne Kunden sein? Das kommt auf zwei Dinge an: (1) erstens ob sie den Zusatzservice wünschen, und (2) zweitens ob sich der Zusatznutzen des neuen Services im Vergleich zu ihren anderen Wünschen an den Projektleiter als internem Zulieferer für sie lohnt. Für das Unternehmen als solches ist darüber hinaus ein drittes Kriterium wichtig: (3) ob die Erfüllung der Kundenwünsche insgesamt effizient ist.

Diese drei Fragen sind gegenüber den externen Kunden des Unternehmens selbstverständlich. Welchen Service/welches Produkt wünschen sie? Lohnt sich der angebotene Zusatzservice/das verbesserte Produkt in der angebotenen Form für sie? Lohnt es sich für das anbietende Unternehmen?

Interne Kundenorientierung bedeutet, die gleichen Fragen stets auch in den internen Kooperationsbeziehungen zu stellen. Das Ergebnis sind Services oder Produkte, die die Erwartungen der Kunden exakt treffen und zugleich so kostengünstig wie möglich angeboten werden.

Beides sind wichtige Voraussetzungen für Kundenzufriedenheit. Denn wenn das Angebot den Erwartungen nicht standhält oder der Nutzen des Services bzw. Produkts zu teuer ist, dann sind die Kunden unzufrieden. Trifft das Angebot zwar die Erwartungen, aber die eigenen Kosten dafür sind zu hoch, dann kann das Unternehmen sein Angebot nicht dauerhaft aufrechterhalten, und die Kunden werden zu einem späteren Zeitpunkt unzufrieden. Externe Kunden würden daraufhin den Anbieter wechseln. Interne Kunden können das zwar nicht, aber die internen Abstimmungskosten zwischen den anbietenden und abnehmenden Abteilungen würden steigen, und mittelfristig würde auch das Angebot an die externen Kunden des Unternehmens leiden.

Gelingt all dies jedoch, dann hat das Unternehmen eine starke Position im Wettbewerb. Interne Kundenorientierung sorgt für optimale interne Prozesse sowie zufriedene Kollegen, und die Kombination aus beidem hat einen unmittelbar positiven Einfluss auf die Zufriedenheit der externen Kunden des Unternehmens.

Ob die Angebote einer Abteilung an ihre internen Kunden oder die eines Unternehmens an seine externen Kunden bereits optimal sind, kann man mit dem in Abbildung 22 dargestellten Netzdiagramm zur Kundenzufriedenheit überprüfen, das anhand der folgenden drei Fragen aufgebaut wird:

1. Welches sind die tatsächlichen Kundenwünsche?
2. Wie viel der maximal möglichen Leistung erwarten die Kunden tatsächlich?
3. Wie viel bietet das Unternehmen bereits an?

Zur ersten Frage: Kundenwunsch. Die Etablierung dauerhafter Kundenzufriedenheit beginnt mit einer Analyse der tatsächlichen Kundenwünsche. »Tatsächlich«, weil es wichtig ist, zu unterscheiden, ob man tatsächlich weiß, was die Kunden wünschen, weil man sie selbst oder die übernächsten Kunden (die Kunden zweiter Ordnung) befragt hat, oder ob man nur glaubt, die Kundenwünsche aus Erfahrung zu kennen. Letzteres führt oft zu Trugschlüssen; gerade bei internen Kunden, mit denen man täglich zusammenarbeitet und daher meint, ihre Wünsche gut zu kennen. Sofern die tatsächlichen Kundenwünsche bekannt sind, werden diese in ein Netzdiagramm eingetragen. In Abbildung 20 ist das beispielhaft anhand einiger typischer Produktmerkmale, auf die sich Kundenwünsche beziehen können, dargestellt.

Abbildung 20: Beispiel für Kundenwunsch-Kategorien

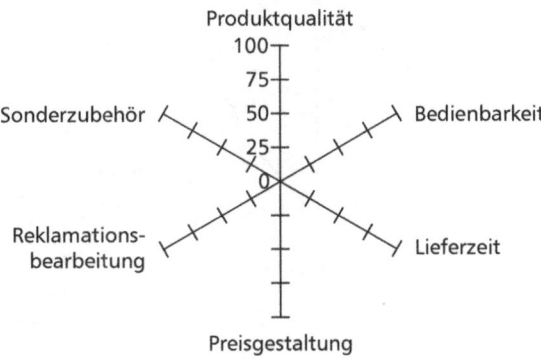

Zur zweiten Frage: Leistungserwartungen. Anschließend folgt eine wichtige Analyse, die insbesondere bei internen Kunden oftmals unterlassen wird. Die Frage ist, wie viel dessen, was in den jeweiligen Kundenwunsch-Kategorien theoretisch machbar wäre, die Kunden auch tatsächlich erwarten. Kunden erwarten im Allgemeinen nicht in jeder einzelnen Kategorie maximale Leistung. Viel wichtiger ist die optimale Zusammensetzung des Gesamtpakets aller Wünsche. Das lässt sich immer wieder beobachten: ein großer Online-Händler verschickt beispielsweise die Ware kostenfrei innerhalb von zwei Arbeitstagen. Bei Händlern vor Ort könnte man die gleiche Ware ebenfalls kostenfrei innerhalb *eines* Arbeitstages bekommen. Die geringere als theoretisch machbare Leistung in einer Kategorie akzeptieren Kunden gerne, wenn dafür die Kombination aller ihnen wichtigen Leistungen ihren Erwartungen entspricht.

Der zweite Schritt beim Aufbau des Netzdiagramms zur Kundenzufriedenheit ist also, die von den Kunden erwartete Leistung in Prozent des jeweils maximal Machbaren in das Diagramm aus Abbildung 20 einzutragen. Das ist in Abbildung 21 geschehen.

Abbildung 21: Die Leistungserwartungen der Kunden

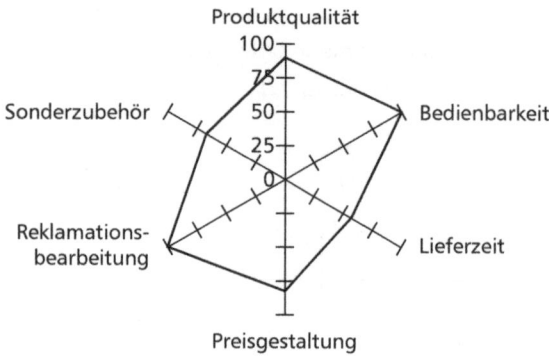

——— Erwartungen der Kunden

Zur dritten Frage: Angebote des Unternehmens. Der Vergleich des Kundenwunsches mit dem tatsächlichen Angebot des Unternehmens zeigt häufig, dass die Unternehmen die Wünsche ihrer Kunden zwar im Allgemeinen sehr gut kennen, in einzelnen Teilbereichen mit ihrem Angebot aber entweder nicht ganz erfüllen oder sogar über das Ziel hinaus schießen, wie Abbildung 22 in Fortsetzung des Beispiels zeigt.

Beides ist schlecht, denn das Maß für die Angebotsqualität ist immer der Kundenwunsch. Wird dieser verfehlt, dann ist der Kunde unzufrieden, und zwar bei einer höheren als der erwarteten Angebotsqualität ebenso wie bei einer zu geringen Qualität, weil der Kunde damit rechnen muss, für die zusätzliche, nicht gewünschte Qualität des Angebotes zur Kasse gebeten zu werden.

Dass die Lücken zwischen Kundenwunsch und Angebot des Unternehmens geschlossen werden müssen, ist jedem Unternehmen bewusst. Dennoch ist das meistens schwer umzusetzen, weil normalerweise unterschiedliche Unternehmensbereiche für die Angebotsqualität in den einzelnen Kundenwunschkategorien (Produktqualität, Lieferzeit, Reklamationsbearbeitung, ...) verantwortlich sind, die zudem von verschiedenen Führungskräften geführt werden.

Die jeweils verantwortlichen Führungskräfte versuchen aus nachvollziehbaren Gründen, ihren eigenen Verantwortungsbereich zu schützen. Wenn dessen Leistungen besser sind als nach Kundenwunsch notwendig (Lücke 1; vgl. Abbildung 22), dann werden sie versuchen, dies als besonders exzellentes Arbeitsergebnis darzustellen.

Abbildung 22: Das vollständige Netzdiagramm zur Kundenzufriedenheit

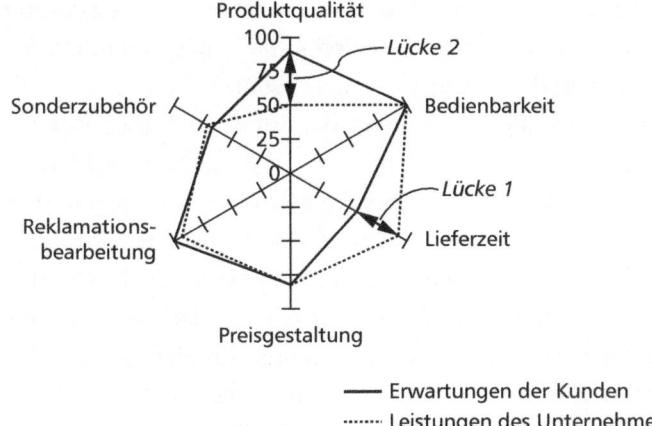

Sind die Leistungen ihrer Abteilung jedoch schlechter (Lücke 2), dann werden sie versuchen, die Schuld einem anderen Bereich zu geben und zugleich damit argumentieren, sie bräuchten dringend weitere Ressourcen, um die Probleme abzustellen.

Eine hierarchisch noch höher gestellte Führungskraft müsste anschließend die Entscheidung fällen, weitere Mittel zur Lösung der Probleme und damit zur Schließung der Lücke 2 bereit zu stellen. Die Verbesserung der Kundenzufriedenheit verursacht folglich weitere Kosten, die durch keine zusätzliche Wertschöpfung gedeckt sind.

Die naheliegende Option, die Abteilung mit der positiven Abweichung (Lücke 1) in Zukunft an geringerer Leistung zu messen, um die dort eingesparten Ressourcen zur Schließung der Lücke 2 zu verwenden, funktioniert bei der klassisch hierarchischen Führung nicht, weil in der Abteilung, die durch besonders engagierte Arbeit die Lücke 1 verursacht hat, sofort eine ganze Reihe verschiedener Motivationsprobleme drohen würde; darunter Hold-up (»Wir dürfen ja nicht mehr«), moralisches Risiko (»Sie werden schon sehen, was Sie davon haben, dass unsere Arbeit nicht gewürdigt wird«) und kollektive Leistungszurückhaltung (»Dann halt nicht«).[77] Man muss sie also bis auf weiteres gewähren lassen, zusätzliche Ressourcen zur Schließung der Lücke 2 allokieren und kann den aus Lücke 1 resultierenden Zusatznutzen des Produktes oder der Dienstleistung den Kunden noch nicht mal in Rechnung stellen, weil diese ihn ja gar nicht wollten.

In einem nach den Prinzipien der internen Kundenorientierung geführten Unternehmen lassen sich beide Lücken jedoch einfach schließen, und sie werden sich vermutlich auch nicht mehr öffnen. Denn da die Abteilung, die für Lücke 1 verantwortlich ist, ebenso an den Wünschen ihrer internen Kunden gemessen wird, wie die Abteilung mit Lücke 2, hat sie ein intrinsisches Interesse daran, ihr übermäßig umfangreiches Angebot auf das von den Kunden gewünschte Maß zu reduzieren. Die frei werdenden Mittel können dann der Nachbarabteilung zur Schließung ihrer negativen Lücke zur Verfügung gestellt werden.

Warum würde die Abteilung mit Lücke 1 bei kundenorientierter Führung ihre Leistung bereitwillig anpassen, nicht aber bei klassisch hierarchischer Führung? Weil sie nicht mehr nur an der Abarbeitung ihrer fachlichen Aufgaben gemessen wird, sondern zusätzlich an der Zufriedenheit ihrer internen, hierarchisch gleichgestellten Kunden. Einen Chef versucht man mit mehr und dann mit noch mehr Arbeit zufrieden zu stellen. Aus diesem Grund würde der Vertrieb seinen Kunden vielleicht sogar Produkte oder Produkteigenschaften verkaufen, die es bisher noch gar nicht im Angebot gibt (Frage: »Können

Sie das?« Antwort: »Selbstverständlich«). Die Entwicklungsabteilung ächzt, und die Kunden erfahren Wochen später, dass man nochmal miteinander reden müsse. Nach derselben Logik entwickelt die technische Abteilung möglicherweise die viel zitierte »goldene Lösung«, die beeindruckende Eigenschaften hat, den Vertrieb allerdings trotzdem kaum beeindruckt, weil sie viel zu teuer und kaum verkaufbar ist.

Selbstverständlich wäre die interne Vernetzung der Abteilungen nach den Prinzipien der internen Kundenorientierung auch bei klassisch hierarchischer Führung möglich. Dann wäre die übergeordnete Führungskraft als koordinierende Instanz aber nicht mehr notwendig, und das Hierarchische an der Führungstätigkeit hätte sich im gleichen Augenblick erübrigt.

Das Netzdiagramm zur Kundenzufriedenheit zeigt, wie der Kundennutzen durch aufeinander abgestimmte interne Maßnahmen gesteigert werden kann, ohne weitere Mittel allokieren zu müssen.

9
Praxis-Erfahrungen mit interner Kundenorientierung

Interne Kundenorientierung ist oftmals so naheliegend, und dennoch wird sie selten praktiziert. Die folgenden Beispiele aus der Unternehmenspraxis sollen einen Eindruck von dem Potential kundenorientierter Personalführung geben, mit deren Hilfe Kundenorientierung auch innerhalb des Unternehmens etabliert werden kann. Die Beispiele machen deutlich, welche Wirkung interne Kundenorientierung auch auf die Zufriedenheit der tatsächlichen, der externen Kunden des Unternehmens hat, und was passiert, wenn ein Unternehmen seine Mitarbeiter nicht ebenso behandelt wie seine Kunden.

9.1 Tochtergesellschaft mit großem Holzhammer

Der in der Konzernzentrale auch für die entsprechenden Fachfunktionen in den Auslandsgesellschaften verantwortliche Bereichsleiter für Forschung und Entwicklung (F&E) hat mit dem Geschäftsführer einer der Auslandsgesellschaften einen Termin zur Durchsprache aktueller Themen und Projekte vereinbart. Es handelt sich um einen Routinetermin, den er in regelmäßigen Abständen mit jeder Auslandsgesellschaft durchführt.

Am Flughafen angekommen wird er von dem Geschäftsführer der Auslandsgesellschaft abgeholt. Dieser entschuldigt sich allerdings sogleich, dass er die vereinbarte Agenda leider etwas ändern müsse. Es sei ihm ein Kundentermin dazwischen gekommen, den er leider nicht verschieben konnte, weil es sich um einen seiner wichtigsten Kunden – selbst ein großes Unternehmen – im Land handelt. Selbstverständlich würde er sicher stellen, dass sie trotzdem noch genügend Zeit hätten, um alle Punkte auf der vereinbarten Agenda durchzusprechen; und wenn es ihm nichts ausmache – schlägt der Geschäftsführer der Auslandsgesellschaft dem Bereichsleiter aus der Konzernzentrale vor –, dann könne er ihn gerne bei dem Kundentermin begleiten. Vielleicht sei es für ihn ja auch mal ganz interessant, das operative Geschäft seiner Gesellschaft unmittelbar mitzuerleben.

Da dem Bereichsleiter sowieso nichts anderes übrig bleibt, als mitzukommen, wird er also kurze Zeit später von seinem Kollegen dem Chef dieses wichtigen Kunden mit folgenden Worten vorgestellt: »Darf ich Ihnen Herrn X vorstellen. Ich freue mich sehr, dass Herr X heute dabei sein kann. Herr X ist Bereichsleiter in unserer Konzernzentrale und wird Ihnen sicherlich erklären können, warum die Dinge bei uns immer so lange dauern.«

Eine größere »Ohrfeige« hätte Herr X von seinem Kollegen aus der Auslandgesellschaft nicht bekommen können. Natürlich hatte dieser den Kundentermin genau so geplant, und es ist daher nicht verwunderlich, dass sich Herr X danach wochenlang über seinen Kollegen und dessen Illoyalität ihm gegenüber geärgert hat.

Das letzte Mittel: Kunden benutzen

Es kann ausgeschlossen werden, dass der Geschäftsführer seinen Kollegen, den Bereichsleiter aus der Konzernzentrale, aus reiner Boshaftigkeit vorführte, noch dazu, weil er hierfür sogar seinen Kunden »missbraucht« hat. Auch die Annahme spontaner Emotionalität wäre als Erklärung für sein nicht sehr nettes Verhalten zu einfach. Sehr viel wahrscheinlicher ist es, dass sich der Geschäftsführer der Auslandsgesellschaft nicht mehr anders zu helfen wusste, um die ihm gesetzten Unternehmensziele zu erreichen. Sein vordergründig illoyales Verhalten war mit Sicherheit Ergebnis planvoll rationaler Überlegungen darüber, wie er den größt möglichen Nutzen für seine Kunden, für seine Gesellschaft und damit natürlich letztendlich für das Unternehmen als solches realisieren kann. Hoch motiviert, weil der Erfolg seiner Auslandsgesellschaft sich zugleich und ganz unmittelbar auch für ihn persönlich lohnt, kann und will er die Dinge also nicht einfach laufen lassen.

Auf der anderen Seite kann er seinen Kollegen aus der Konzernzentrale leider auch nicht mit Anweisungen zwingen, sich besser um die Wünsche seiner Kunden zu kümmern. Beide berichten unmittelbar an den gleichen Vorstand und sind damit gewissermaßen Kollegen. Besagter Vorstand nimmt seine Führungsrolle zwar durchaus ernst, aber auch er wird sich hüten, seinem Bereichsleiter reinzureden, weil er sicher ist, dass dieser ebenfalls gute Gründe für sein Verhalten hat. Schließlich sind alle seine direkt-berichtenden Mitarbeiter ausgewiesene Experten in ihren Funktionen und noch dazu sehr engagiert.

Problematisch und definitiv inakzeptabel ist jedoch, dass mit besagter Aktion einem wichtigen Kunden des Konzerns unmissverständlich mitgeteilt wurde, dass das Unternehmen offenbar nicht in der Lage ist, seine internen Probleme zu lösen. Noch problematischer ist, dass der Kunde nicht abschätzen kann, welche Auswirkungen diese aus seiner Sicht mehr als überflüssigen internen Reibereien auf seine eigenen Interessen haben werden. Solche Szenen will er jedenfalls nicht nochmal erleben, schließlich hat er selbst auch noch eigene Kunden, die er zufrieden stellen will; und das lässt er sich nicht von internen Reibereien bei einem seiner Zulieferer kaputt machen.

Was führte zu dem Konflikt zwischen der Auslandsgesellschaft und der Zentrale?

Damit die Zentrale zuhört

Als Vertriebsprofi liegt es dem Geschäftsführer der Auslandsgesellschaft fern, seine Kunden in interne Querelen einzubinden. Aber mittlerweile kann er vor lauter Anfragen aus der Zentrale nicht mehr in angemessener Zeit auf die Wünsche seiner Kunden reagieren. Das ist nicht nur die Schuld des Bereichsleiters für F&E oder die seiner Mitarbeiter. Auch von Mitarbeitern aus den anderen Fachbereichen, wie Produktmanagement, Controlling, Einkauf und Human Resources, wird er fast täglich um irgendwelche Projektberichte, Finanzauswertungen, Personalprofile, Weiterbildungsstrategien, Projektplanungen, usw. für die nächsten Quartale, das nächste Jahr und die nächsten fünf Jahre gebeten. Jedes Mal in einer anderer Form, wie es ihm scheint: in PowerPoint, in Excel und manchmal auch in Word, aufgeschlüsselt mal nach Volumen, mal nach Zeit, mal nach Kosten – je nachdem welche Fachabteilung anfragt. Jede Auswertung hat natürlich immer hohe Priorität und muss dringend noch in derselben Woche fertig werden. Wenn er aber seinerseits Anfragen zu Lieferterminen und Ersatzteilverfügbarkeit, Wünsche zu Lieferort und Verpackungsmaterial oder irgendeine sonstige Frage seiner Kunden an die entsprechende Fachabteilung weiterleitet, dann dauert es Wochen bis zu einer ersten Antwort aus der Zentrale, und die lautet dann meistens, dass jemand anderes zuständig ist. Im Laufe der Zeit hat er alle internen Kommunikationskanäle ausprobiert, aber das Verhalten der Kollegen in der Zentrale hat sich nicht geändert. Die Antwort- und Bearbeitungszeiten sind nach wie vor viel zu lang und noch dazu ausgesprochen unzuverlässig.

Selbstverständlich dürfen Kunden nicht zur Lösung interner Probleme benutzt werden. Andererseits befindet sich der Geschäftsführer der Auslandsgesellschaft in einer erheblichen Zwangslage. Er kann die Wünsche seiner Kunden und die ihm vom Vorstand gesetzten Ziele nur erfüllen, wenn die Zuarbeit aus der Zentrale besser wird. Von seinen Kunden ist er schon öfter auf den unzureichenden Service und die zu geringe Reaktionsgeschwindigkeit seines Unternehmens hingewiesen worden. Wenn er die Probleme nicht kurzfristig löst, dann werden einige Kunden mit großer Wahrscheinlichkeit zur Konkurrenz wechseln. Für seine Auslandsgesellschaft wäre das nicht gut, und für ihn persönlich wäre es eine Katastrophe. Es geht um die Zukunft seiner gesamten Niederlassung.

Er versteht die Zentrale nicht. Schließlich geht es ihm ja gar nicht um seine persönlichen Wünsche, sondern um die der Kunden. Und es sind auch nicht »seine« Kunden, sondern letztendlich die des Unternehmens und damit auch die seiner Kollegen aus der Zentrale. Davon abgesehen könnte die Zentrale wenigstens die vielen verschiedenen Anfragen aus den unterschiedlichen Fachabteilungen untereinander koordinieren und auf wirkliche Notwendigkeit überprüfen – und zwar bevor sie ihn erreichen.

All das ist wirklich dringend, denn von der Zufriedenheit seiner Kunden hängt nicht nur seine eigene Zukunft ab, sondern auch die des gesamten Unternehmens. Er muss also alles daran setzen, dass sich das Verhalten der Zentrale ändert. Natürlich ist der große »Holzhammer«, den er in besagtem Kundenmeeting herausgeholt hat, keine Lösung. Mit Appellen am Rande der jährlichen General-Manager-Meetings in der Zentrale und in vielen, immer wiederkehrenden Diskussionsrunden mit mittleren Führungskräften aus den Zentralbereichen kam er allerdings bisher auch nicht weiter. Jeder hat Verständnis für seine Lage und für die seiner Kollegen in den anderen Auslandsgesellschaften, die sich ähnlich äußern wie er. Nur geändert hat sich bisher nichts.

Kundenwünsche bringen die Organisation durcheinander

Nachdem der erste Ärger über das Verhalten des Geschäftsführers der Auslandsgesellschaft verraucht ist, fängt der Bereichsleiter für Forschung & Entwicklung an, seinen Kollegen zu verstehen. Aber was soll er machen? Als Bereichsleiter wird er an der Umsetzung der Ziele des F&E-Bereichs gemessen. Andere unternehmerische Ziele und insbesondere die Vertriebsziele der Geschäftsführer in den Auslandsgesellschaften sind ihm natürlich bewusst, und selbstverständlich haben die Wünsche der Kunden oberste Priorität. Aber persönlich muss er sich eben vorrangig um die Ziele seines eigenen Bereiches kümmern, und dafür benötigt er nun mal die Auswertungen und Projektberichte von den Auslandsgesellschaften. Dass die erneute Änderung der Auswertesystematik vor kurzem zusätzlichen Aufwand in den Auslandsgesellschaften bedeutete, bedauert er natürlich, aber das wurde durch die Einführung der neuen IT-Struktur notwendig, und eine seiner Aufgaben ist nun mal die Professionalisierung der Projektmanagementsysteme.

Er sieht allerdings nicht ein, dass nur er für die Abstimmungsprobleme zwischen der Zentrale und der Auslandsgesellschaft verantwortlich sein soll. Denn ebenso problematisch wie die laufenden Berichtsanfragen an die Auslandsgesellschaften ist aus seiner Sicht, dass die Auslandsgesellschaften ihrerseits ständig Anfragen ihrer Kunden über kleinere und allzu oft auch über größere Änderungswünsche an den Produkten an seine Mitarbeiter weiterleiten. Das verursacht jedes Mal Zusatzaufwand, für den keine Kapazitäten eingeplant sind und auch nicht zur Verfügung stehen. Besser wäre es, der Vertrieb würde seinen Kunden das existierende Sortiment anbieten und nicht bei jedem Sonderwunsch einknicken. Einerseits sollen sie pünktlich liefern, andererseits blockieren die Sonderanfragen die etablierten Abläufe.

Er thematisiert diesen Konflikt immer wieder bei seinem Vorgesetzten. Zur Lösung trägt das aber nur in begrenztem Maße bei, denn der Vorstand ist nicht in das Tagesgeschäft eingebunden, und für einen Rat oder sogar eine Entscheidung seinerseits auf der Basis von »Hören-Sagen« ist das Thema zu wichtig und vor allem zu komplex. Der Vorstand kann sich nur darauf beschränken, stets ein offenes Ohr für seine Bereichsleiter zu haben, ihnen weitergehende Entscheidungskompetenzen zu geben, um das Problem irgendwie selbst zu lösen, und im übrigen das gleiche Gespräch auch mit seinen anderen Mitarbeitern zu führen, den Geschäftsführern der Auslandsgesellschaften.

Aufgaben und Prozesse statt Hierarchien und Macht

Die Ursache des Problems liegt in der rein hierarchischen Organisation des Unternehmens, in der jede Fachabteilung nur an der Erledigung ihrer jeweiligen Fachaufgaben gemessen wird; das Controlling an der

Finanzplanung, der F&E-Bereich an den Entwicklungsprojekten, der HR-Bereich an der Personalplanung, usw. In einer solchen, für viele Unternehmen typischen Organisationsform müssen sich die Bereichsverantwortlichen trotz aller Kundenorientierung, die ihnen natürlich im Prinzip klar ist, mit höherer Priorität um die ihnen gestellten Fachaufgaben kümmern als um die Wünsche der Kunden.

Würde der fachverantwortliche Bereichsleiter in der Zentrale aber mit ebenso hoher Priorität an der Zufriedenheit des Geschäftsführers der Auslandsgesellschaft als seinem internen Kunden gemessen, wie beispielsweise an der Anzahl der Entwicklungsprojekte und der Beschleunigung der Entwicklungsprozesse durch die Einführung der neuen IT-Struktur im Projektmanagement, dann wäre es in seinem persönlichen Interesse, die Auslandsgesellschaft zufrieden zu stellen.

Jeder Fachbereich kann sich nur mit den Aufgaben beschäftigen, an denen er gemessen wird. Gibt es Kritik an seiner Kundenorientierung, dann muss diese in den Zielen des Fachbereichs verankert werden. Hat der Fachbereich keinen direkten Kontakt zu den Kunden des Unternehmens, dann ist der relevante Kunde der in der Wertschöpfungskette nachfolgende Kollege, im vorliegenden Fallbeispiel der Geschäftsführer der Auslandgesellschaft.

Nach der Systematik der internen Kundenorientierung würde der Bereichsleiter für Forschung und Entwicklung zunächst alle internen Kunden seines Bereichs und namentlich die internen Kunden aller seiner Mitarbeiter ermitteln (→ Kapitel 8.1). Er würde anschließend mit diesen internen Kunden besprechen, welche Interessen und Ziele sie verfolgen (→ Kapitel 8.2), und gemeinsam mit ihnen eine Wertstromanalyse bis zu den Endkunden durchführen. Anhand dieser Analyse könnten sie eine Wertstromkarte erstellen (→ Kapitel 8.3), in der alle Prozesse festgelegt sind, die notwendig sind, um die Ziele sowohl der Fachabteilung als auch ihrer Kunden und deren Kunden (→ Kapitel 8.5) zu realisieren. Sie würden dabei auch sicher stellen, dass keiner der Beteiligten seine eigenen Fachziele gegen die Ziele seiner internen Kunden realisieren kann (→ Kapitel 8.4).

Wenn sie auf diese Weise ihre jeweiligen Ziele vergleichen und synchronisieren, dann werden sie mit hoher Wahrscheinlichkeit feststellen, dass einige Ergebnisse, auf die sie in der Vergangenheit vielleicht besonders stolz waren, gar nicht so entscheidend sind. Möglicherweise ist eine Projektmanagement-Software, in der alle Teilaufgaben vollständig erfasst werden können, zu komplex für die Dynamik des Geschäftsmodells. Mit sinnvollem »Downsizing« könnte die Fachabteilung entlastet werden, wovon ihre internen Kunden vermutlich sogar profitieren würden (→ Kapitel 8.6). Und selbst wenn das nicht gelingen würde, dann wäre zumindest allen Beteiligten in der Zentrale und in den Auslandsgesellschaften klar, welche Aufgaben unbedingt erledigt werden müssen, und dass diese nicht diskutierbar sind.

Eine neue Zielgröße für die jährliche Zielvereinbarung des F&E-Bereichs in der Zentrale wäre mit »K_i« der Grad ihrer internen Kundenorientierung (→ Kapitel 7.3). Diese würde angesichts der derzeitigen Stimmung bei dem wichtigen Kunden der Auslandsgesellschaft für mindestens 20% der gesamten Zielvorgaben des F&E-Bereichs stehen müssen. Wenn die zuvor genannten Abstimmungsgespräche erfolgreich verlaufen sind, dann ist die Zielgröße K_i jedoch relativ einfach zu erreichen. Denn entsprechend der Formel zur Berechnung von K_i sind nach diesen internen Besprechungen die Prozesse definiert (P=1) und die Kriterien für die Qualität der Arbeitsleistung festgelegt (Q=1). Wenn die Mitarbeiter sich in ihrer täglichen Arbeit an den Wünschen ihrer internen Kunden orientieren, dann werden diese mit den Arbeitsergebnissen ihrerseits gut weiterarbeiten können und die gezeigte Arbeitsleistung honorieren (L=1). Und selbst bei unvorhergesehenen Einflüssen von außen können die Mitarbeiter den Grad ihrer Kundenorientierung und damit ihre Zielerreichung aufrecht erhalten, wenn sie engagiert auf die Sondereinflüsse reagieren (a=1). Ihre internen Kunden bekommen im Falle unvorhergesehener Einflüsse zwar nicht unbedingt alles, was sie benötigen, können sich aber darauf verlassen, dass diese Einflüsse in Zukunft in den Prozessabläufen berücksichtigt werden. Weder sie noch ihre Kunden werden sich also Sorgen machen.

(Interne) Kunden geben den Takt vor

In einer Organisation mit etablierter interner Kundenorientierung würde das eingangs geschilderte Gespräch anders verlaufen. Der Bereichsleiter aus der Zentrale würde aus eigener Initiative seinen Kollegen aus der Auslandsgesellschaft zu dem Kundentermin begleiten, um selbst zu hören, welche Wünsche der Kunde hat, und um diese dann in seiner täglichen Arbeit in der Zentrale berücksichtigen zu können. Das würde seinen internen Kunden, den Geschäftsführer der Auslandsgesellschaft, erfreuen, weil dieser sich daraufhin sicher sein kann, zu bekommen, was er für seine eigenen Kunden braucht. Aber auch der Bereichsleiter wäre zufrieden, weil er hierdurch einen wichtigen Teil seiner Ziele bereits realisiert hätte.

Hierarchische Führung von oben nach unten zur Lösung der Konflikte zwischen dem Geschäftsführer der Auslandsgesellschaft und dem Bereichsleiter aus der Zentrale ist dann nicht mehr notwendig. Aufgabe der Führungskraft – hier der Vorstand – ist es dann lediglich noch, mit den in Kapitel 8 dargestellten Werkzeugen zur Einführung von interner Kundenorientierung dafür zu sorgen, dass die Interessen der internen und externen Kunden stets in den jeweiligen Zielvereinbarungen berücksichtigt werden, aufeinander abgestimmt sind, und alle unternehmensinternen Prozesse darauf ausgerichtet sind. Mit Hilfe der in Kapitel 7.3 vorgestellten Berechnungsformel kann er anschließend in regelmäßigen Abständen den Grad der internen Kundenorientierung seiner Mitarbeiter evaluieren und gegebenenfalls Prozessveränderungen initiieren, bevor es zu Problemen kommen kann.

Die Phase der Einführung von interner Kundenorientierung ist erfahrungsgemäß für einige Unternehmensbereiche und ihre Mitarbeiter nicht ganz einfach. Denn wenn alles Handeln vom Kunden bestimmt und aus Kundensicht gesteuert wird, dann müssen konsequenterweise diejenigen Bereiche des Unternehmens, die dem Kunden am nächsten sind, den Takt vorgeben. Das ist für Konzernzentralen, Stabsabteilungen und Verwaltungsbereiche teils schwierig zu akzeptieren, denn es kann bedeuten, dass sie Macht und Einfluss abgeben müssen. Sie können dann beispielsweise die Auslandsgesellschaften – um bei dem Beispiel zu bleiben – nicht mehr um noch einen monatlichen Bericht inklusive angepasstem und um vermutliche Einmaleffekte bereinigten Forecast-Report, noch eine Projektliste mit qualitativer und quantitativer Risikoabschätzung, usw. »bitten«; um Berichte also, die aus Sicht der Zentrale aus irgendeinem Grunde notwendig erschienen, die jedoch in der sowieso nur wenige Mitarbeiter großen Landesgesellschaft dazu führen, dass diese schon keine Zeit mehr hat, ihre Kunden zu besuchen. Dann müssen die Zentralbereiche ganz im Gegenteil die Landesgesellschaft fragen, was sie eventuell noch benötigten, um ihre Kunden optimal bedienen zu können. Wenn sie das tun, dann hat sich das Prinzip der internen Kundenorientierung durchgesetzt, zum Vorteil aller Beteiligten.

9.2 Der Linienbus macht Pause

Für Fahrgäste von Linienbussen stellt sich jeden Tag erneut die Frage, wie viele Minuten vor Abfahrt des Busses man von zu Hause aufbrechen sollte, um ihn auf keinen Fall zu verpassen. Insbesondere im Winter und vielleicht noch mit Kinderwagen bricht man möglicherweise lieber etwas früher auf, falls der Schnee das Vorwärtskommen bis zur Haltestelle behindert. Allerdings verlängert dieser Zeitpuffer die Wartezeit an der Haltestelle, falls man doch ganz gut durchgekommen ist. An der Endhaltestelle ist das komfortabler, weil der Bus dort oft etwas länger steht und man dann ja im geheizten Bus auf die Abfahrt warten kann – so zumindest die Überlegung der Fahrgäste.

Kommt man nun tatsächlich im Winter an der Endhaltestelle des Buslinie an – vielleicht sogar mit Kinderwagen –, dann kann folgendes passieren: Man stellt schon aus einiger Entfernung erleichtert fest, dass der Bus bereits da ist. Die Standheizung des Busses gibt vertrauenerweckende Geräusche von sich, und der Fahrer sitzt im kurzärmeligen

Hemd hinter dem Steuer und macht Pause. Das Problem ist nur, dass er die Türen nicht öffnet, obwohl etwa zwei Meter entfernt von ihm, draußen vor der Tür, Fahrgäste mit Kinderwagen in der Kälte stehen. Etwas später während der Fahrt darauf angesprochen begründet der Fahrer sein Verhalten damit, dass er ja schließlich Pause gehabt hätte, und wenn er die Türen aufgemacht hätte, dann hätte er anschließend diesen und weiteren Fahrgästen Fahrkarten verkaufen, mit dem Kinderwagen helfen und ganz allgemein im Bus seinen Aufsichtspflichten nachkommen müssen. Seine Pause wäre vorbei gewesen noch bevor sie richtig begonnen hat. Außerdem wird er während seiner Pausenzeiten nicht bezahlt, muss sie aber gegebenenfalls schon aus gesetzlichen Gründen einhalten.

So gesehen hat der Busfahrer recht, und als Fahrgast hat man trotz der Wartezeit in der Kälte Verständnis für sein Verhalten. Die Konsequenz ist allerdings, in Zukunft zumindest in den Wintermonaten nicht mehr mit dem Bus zu fahren, sondern doch wieder mit dem eigenen Auto. Denn jedes Mal in der Kälte vor dem Bus zu stehen, während der Busfahrer drinnen in der Wärme sitzt, ist eine sonderbare und ärgerliche Situation, die man nicht jeden Tag aufs Neue erleben möchte.

Einige Monate später stellen Mitarbeiter in der Zentrale der Busgesellschaft bei ihren regelmäßigen statistischen Auswertungen fest, dass aus irgendwelchen, für sie nicht nachvollziehbaren Gründen gerade in den kinderreichen Wohngebieten am Stadtrand die Auslastung der Busse stark zurückgegangen ist, und das auch noch in den Wintermonaten, in denen doch der Linienbus eine attraktive Alternative zum Privat-PKW ist. Sie können sich das nicht erklären, und auch die regelmäßigen Kundenzufriedenheitsanalysen ergeben keine signifikanten Abweichungen.

Bei so geringer Auslastung sehen sie sich allerdings gezwungen, die Taktfrequenzen, in denen die Busse fahren, zu reduzieren. Alle 20 Minuten ein leerer Bus ist zu teuer. Ein Bus pro Stunde scheint auf dieser Linie auszureichen. Diese Entscheidung bringt jedoch auch die noch verbliebenen Fahrgäste dazu, auf das eigene Auto umzusteigen.

Denn obwohl der Bus an der (Durchgangs-)Haltestelle in der Nähe ihrer Wohnungen stets pünktlich ankam, finden sie es doch gerade im Winter unzumutbar, nach erledigtem Einkauf so lange auf den Bus zurück nach Hause warten zu müssen. Als der Bus noch alle 20 Minuten fuhr, hielten sich die Wartezeiten in Grenzen. Aber wenn er nur einmal pro Stunde fährt, dann muss man ja fast zwangsläufig eine Wartepause im nächstgelegenen Café einlegen. Das ist allerdings teurer als das Parkticket für das eigene Auto in der städtischen Tiefgarage.

Keiner ist schuld

Das Problem ist nicht nur, dass sich die Buslinie für die Busgesellschaft nicht mehr lohnt, sondern vor allem, dass sie kaum eine Chance hat, herausfinden, warum die Zahl der Fahrgäste so deutlich zurückgegangen ist. Kundenzufriedenheitsanalysen können keine Hinweise auf die Ursache des Problems liefern, weil die unzufriedenen Personen gar keine Kunden mehr sind und sich daher auch nicht äußern.

Das eigentliche Problem ist allerdings, dass eigentlich keiner Schuld an der geringer werdenden Auslastung der Busse trägt, auch nicht der Busfahrer. Dessen Verhalten ist vollkommen in Ordnung, denn selbstverständlich öffnet er die Türen nicht während seiner unbezahlten Pause. Andernfalls hätte er fortan überhaupt keine Pausen mehr, und einen vollbesetzten Bus könnte er noch nicht einmal verlassen, um kurz auf die Toilette zu gehen. Den Bus seltener fahren zu lassen ist jedoch auch keine Alternative, weil das die verbliebenen Fahrgäste auch noch vertreibt.

Der Wunsch des Busfahrers nach ungestörter Pause ist nachvollziehbar und sein Motiv, die Türen während der Pause nicht zu öffnen, ebenfalls. Den Ärger der Kunden nimmt er notgedrungen in Kauf, weil ihm seine persönlichen Ziele in diesem Fall wichtiger sind als die des Unternehmens und seiner Kunden. Auch das ist verständlich, denn die negativen Konsequenzen sinkender Fahrgastzahlen und geringerer Taktfrequenzen der Buslinie für das Unternehmen und damit auch für seine eigene Zukunft wird er vermutlich nicht unmittelbar auf sein Verhalten zurückführen. So richtig schuld ist also keiner. Dennoch muss das Problem gelöst werden.

Anweisungen sind keine Option

Da Kundenbefragungen aus den genannten Gründen keine Antworten liefern können, sollten sich die Verantwortlichen der Busgesellschaft zumindest von ihren Fahrern alle Prozessabläufe genau schildern lassen. Vielleicht gelingt es ihnen ja auf die Weise, zum Kern des Problems vorzudringen. Aber selbst dann ist es schwierig, Konsequenzen zu ziehen, denn die Busfahrer können nicht angewiesen werden, Fahrgäste auch während ihrer Pause in den Bus zu lassen. Erstens hätten sie dann keine Pause mehr, und zweitens könnten die Vorgesetzten in der Zentrale der Busgesellschaft gar nicht kontrollieren, ob die Busfahrer das auch wirklich tun. Sie müssten den Busfahrern vertrauen, ihren Bus auch während der Pausenzeiten zu öffnen. Das birgt die Motivationsprobleme des Hold-up und des moralischen Risikos (→ Kapitel 3.1).

Bei Mitarbeitern, die so autonom arbeiten wie die Busfahrer in diesem Beispiel, versagt jede Form der hierarchischen Führung. Ob sie in der in-group oder in der out-group ihrer Vorgesetzten sind, spielt in der täglichen Arbeit keine Rolle (→ Kapitel 5.5). Das Reifegradmodell und Fiedlers Modell der situativen Führung sind ebenfalls nicht anwendbar, da Busfahrer nicht unmittelbar geführt werden können (→ Kapitel 5.3 und 5.4). Es spielt daher keine Rolle, ob die Vorgesetzten der Busfahrer diese aufgaben- oder mitarbeiterorientiert führen würden (→ Kapitel 5.1 und 5.2). Sie sind nicht hierarchisch führbar.

Vom Mitarbeiter abhängig

Dies ist ein typisches Beispiel für kundenorientierte Personalführung. Das Unternehmen ist von der Arbeitsweise der Mitarbeiter abhängig und kann sie nicht kontrollieren. Um sich darauf verlassen zu können, dass die Mitarbeiter dennoch im Interesse des Unternehmens handeln, muss es seinerseits dafür sorgen, dass das unternehmerisch gewünschte Verhalten auch im eigenen Interesse der Mitarbeiter ist.

Die internen Kunden zu ermitteln ist im vorliegenden Fallbeispiel einfach, ihre Interessen herauszufinden ebenfalls. Entscheidend ist jedoch, alle Abläufe im Unternehmen konsequent aus Sicht der Busfahrer als internen Kunden des Unternehmens zu betrachten und sie gegebenenfalls so zu ändern, dass die Fahrgäste den aus ihrer Sicht erwartbaren Service erhalten, ohne dass die Busfahrer ihre eigenen Wünsche und Bedürfnisse vernachlässigen müssten.

In der Systematik der internen Kundenorientierung geht es darum, Interessen zu erkennen (Kapitel 8.2) und persönliche Egoismen der internen Kunden zu nutzen, statt sie zu ignorieren (Kapitel 8.4). Denn andernfalls würden Mitarbeiter, die nicht kontrollierbar sind, im äußersten Fall die Interessen der Kunden ignorieren, wie in diesem Fallbeispiel geschehen. Das Verhalten der Busfahrer wird sich also nicht durch hierarchische Anweisungen, sondern nur durch interne Kundenorientierung ändern.

Im Falle der Busfahrer ist dies durchaus umsetzbar. Da die Busfahrer selbstverständlich in der Lage sein müssen, ungestört Pause machen zu können, sollte eine Parkbucht in einiger Entfernung von der Endhaltestelle des Busses eingerichtet werden. Dann werden die Fahrgäste zwar immer noch in der Kälte warten müssen, aber sie werden sich nicht mehr über den vermeintlich schlechten Service der Busbetriebsgesellschaft ärgern und im schlimmsten Fall statt des Busses das private Auto nutzen. Warum werden sich die Kunden nicht mehr ärgern? Weil sie, wie in Kapitel 8.6 dargelegt, niemals das Maximum des theoretisch Möglichen erwarten. Aber die Erwartungen, die sie haben, müssen vollständig erfüllt werden. Dazu gehört auch, dass ein Busfahrer die Türen öffnet, wenn der Bus an der Haltestelle steht.

Die Kundenorientierung der Busfahrer beginnt also in der Zentrale. Die Kollegen, die den Einsatzplan der Busfahrer erstellen, sollten überlegen, welche Interessen die Busfahrer haben könnten. Sie sollten diese bei ihnen erfragen und anschließend die Prozesse danach ausrichten, natürlich unter Wahrung der Interessen des Unternehmens. Die Einsatzplaner wiederum sollten daran gemessen werden, ob sie das auch tatsächlich so umsetzen, denn ihre interne Kundenorientierung (K_i) dem Busfahrer gegenüber ist entscheidend für den Erfolg des Unternehmens. Wenn die Einsatzplaner die Interessen ihrer internen Kunden ignorieren, dann stimmen die Fahrgäste mit den Füßen ab, und das Unternehmen erfährt niemals, warum die Fahrgastzahlen rückläufig sind.

Unter welchen Umständen werden die Einsatzplaner ihre internen Kunden – die Busfahrer – nach ihren Wünschen befragen und die Unternehmensprozesse danach ausrichten? Wenn es sich für sie lohnt. Auch sie sind interne Kunden wiederum anderer Stellen im Unternehmen.

9.3 »Aber erzählen Sie das nicht der Zentrale!«

Unternehmen sind ein Abbild ihrer Geschichte. Ihre Organisationsstrukturen sind im Laufe der Zeit gewachsen, zum Teil geplant und zum Teil aus tagesaktuellen Anforderungen hervorgegangen, die eine bestimmte Art und Weise der Zusammenarbeit notwendig gemacht haben. Sollten sich die Strukturen bewährt haben, weil sie den Anforderungen gerecht wurden, dann verfestigen sie sich.

Das ist soweit in Ordnung, wenn es sich um Anforderungen von Seiten der Kunden handelt. Oftmals etablieren sich jedoch inoffizielle Strukturen auf Grund von Einzelinteressen bestimmter Teile des Unternehmens. Ob solche Strukturen dann jedoch auch noch im Interesse des gesamten Unternehmens sind, ist manchmal ausgesprochen fraglich; so auch in folgendem Beispiel:

Ein Unternehmen mit einigen tausend Mitarbeitern im Business-to-Business-Geschäft betreibt in mehreren Ländern Niederlassungen. Diese verfügen meist nur über wenige Mitarbeiter und sind im wesentlichen für Vertrieb und Marketing in ihrem Land verantwortlich.

In einer der Landesgesellschaften gestalten sich die Verhandlungen mit einem wichtigen Kunden zur Zeit etwas schwierig. Aber der zuständige Vertriebsmitarbeiter ist guten Mutes, den Auftrag doch noch zu bekommen, weil den Kollegen in der Zentrale mit dem neuen Produkt wirklich ein großer Wurf gelungen ist. Kurz vor Vertragsabschluss über eine ziemlich große anfängliche Stückzahl sowie eine umfangreiche Option über mehrere Jahre äußert der Kunde nur noch einen Wunsch: er hätte das Produkt gerne in einer anderen Farbe: grün statt blau. Ob das ein Problem sei? Selbstverständlich ist es kein Problem, sagt der Vertriebsmitarbeiter und fragt den Kunden, bis wann er die ersten Exemplare bräuchte. In zwei Wochen? Natürlich ist das ebenfalls kein Problem. Was sollte er auch sonst sagen. Der Auftrag ist von hoher, fast schon existentieller Bedeutung für die Landesgesellschaft.

Schlechte Nachrichten

Unmittelbar nach dem Kundentermin ruft der Vertriebsmitarbeiter aus besagter Landesgesellschaft seinen Ansprechpartner in der Konzernzentrale an und teilt ihm mit, dass das Produkt phantastisch sei, er es aber in einer anderen Farbe bräuchte. »Kein Problem«, sagt auch der Mitarbeiter in der Zentrale. »In sechs Wochen ist der erste Prototyp bei Ihnen.« »Was? In sechs Wochen? Das muss in spätestens einer Woche aus dem Lager raus gehen, sonst ist es nicht rechtzeitig beim Kunden. Er hat uns nur zwei Wochen gegeben.« entgegnet der Mitarbeiter der Niederlassung. Dem Kollegen aus der Zentrale tut es darauf hin sehr leid, dass er da leider nichts für ihn tun könne. Eine Änderung des Produktes – und sei es nur die Farbe – überschreitet angesichts des Auftragsvolumens eine Kostengrenze, oberhalb derer das interne »Project Executive Committee«, bestehend aus sieben leitenden Angestellten der relevanten Unternehmensbereiche (Vertrieb, F&E, Qualität, Einkauf, Arbeitsvorbereitung, Produktion, Controlling), über die Änderung entscheiden muss. Dieses Committee tagt auf Grund der hochrangigen Besetzung jedoch nur alle vier Wochen und saß gerade vor einer Woche zusammen. Sollte es positiv entscheiden, dann müsste der Zulieferer das Produkt in der geänderten Farbe erst als Prototyp zur Erstmusterprüfung vorstellen. Im übrigen müsse auch mit der Arbeitsvorbereitung erst geklärt werden, ob die andersfarbige Kleinserie – denn aus Unternehmenssicht ist es eine Kleinserie – so ohne weiteres in die Produktion eingetaktet werden könne. Insgesamt seien also sechs Wochen auch bereits ein sehr strammer Zeitplan, den er nur durchsetzen würde, weil er ihn als Kollegen sehr schätze.

Schlechte Nachrichten für den Mitarbeiter der Landesgesellschaft. Aber den Kunden mit Lieferverzögerungen förmlich in die Arme der Konkurrenz zu treiben, kommt definitiv nicht in Frage. Außerdem braucht die Landesgesellschaft den Umsatz unbedingt, um ihre Ziele für das laufende Geschäftsjahr überhaupt noch erreichen zu können.

Zum Glück erinnert sich der Vertriebsmitarbeiter gerade noch rechtzeitig an diese kleine »Klitsche« um die Ecke. Vielleicht können die ja zumindest die ersten Teile umlackieren. Gesagt–getan, und die Klitsche ist begeistert von dem Auftrag: Ob es zu lange dauern würde, wenn sie dafür zwei Tage bräuchten? Auftrag erteilt. Nur einen Fehler darf der Vertriebsmitarbeiter der Landesgesellschaft jetzt nicht machen: Er darf das auf keinen Fall der Zentrale erzählen.

Weil das Produkt bei den Kunden wirklich gut ankommt und zur Zeit überall in den Markt eingeführt werden soll, erhält der Geschäftsführer der besagten Landesgesellschaft einige Tage später einen Anruf von seinem Kollegen aus einem anderen Land. Dieser schildert ihm, dass er das neue Produkt in nahezu beliebiger Stückzahl loswerden könnte, wenn es nur nicht so eine hässliche Farbe hätte. Er hätte auch schon in der Zentrale angerufen. Aber, sagt er: »Du wirst nicht glauben, was die zu mir gesagt haben ...«

Nun, die Klitsche wird langsam aber sicher immer größer. Von Erstmusterprüfung oder sonstigen Qualitätssicherungsverfahren hat sie allerdings noch nie etwas gehört. Aber wen interessiert das schon. Der Kunde soll zufrieden sein, der Umsatz ist wichtig, und die wegen schlechterer Qualität möglicherweise drohenden Gewährleistungskosten schlagen sowieso ganz woanders im Unternehmen auf, sofern sie überhaupt kommen, was weder der Geschäftsführer der Landesgesellschaft noch sein Vertriebsmitarbeiter hoffen wollen.

Nur einen Fehler darf der Geschäftsführer aus der anderen Landesgesellschaft nicht machen, beschwört ihn sein Kollege, als er ihm den Tipp mit der Klitsche um die Ecke gibt: Er darf das auf keinen Fall und unter keinen Umständen der Zentrale erzählen.

Verständliches Verhalten

Das größte Problem in diesem Fall ist, dass alle Akteure Recht haben mit dem, was sie tun. Aus seinem jeweiligen Blickwinkel handelt jeder mit gutem Grund. Und trotzdem ist das Ergebnis für das Unternehmen alles andere als optimal. Wenn es nur um geänderte Farbanstriche geht, wie in dem geschilderten Beispiel, ist das Risiko vermutlich gering, sofern es sich nicht gerade um Kinderspielzeug handelt. Häufig geht es jedoch um deutlich grundsätzlichere Dinge mit weitreichenderen Folgen.

Mit hierarchischen Anweisungen von Führungskräften kann man jedoch auch dieses Problem nicht lösen. Denn die Berichtsstrukturen und Freigabeprozesse sind irgendwann einmal mit gutem Grund eingeführt worden. Man kann sie nicht einfach per Anordnung verändern. Zudem ist es ja durchaus sinnvoll, Projekte oder Produktänderungen oberhalb eines gewissen Finanzvolumens zunächst einmal grundsätzlich zu besprechen.

Probleme wie das hier geschilderte sind häufig auf mangelhafte Kommunikation zwischen den einzelnen Fachbereichen im Unternehmen zurückzuführen. Das Marketing macht Marktforschung zu den gewünschten Produkteigenschaften und sicherlich auch zu den präferierten Farben. Der Vertrieb befragt seine Kunden. Der F&E-Bereich entwickelt das Produkt. Der Einkauf verhandelt die kostengünstigsten Varianten. Und so weiter. Jeder Bereich macht das aus seiner Sicht Notwendige und Sinnvolle.

Sicherlich sprechen sie sich dabei auch untereinander ab, aber gerade das passiert meist eher zufällig. Abstimmungen erfolgen in Besprechungen oder auf dem Flur, und wer dabei ist, ist dabei. Schon rein geographisch weiter entfernte Teams – in diesem Beispiel die Niederlassungen – werden zwar ebenfalls um ihre Meinungen gebeten. Wenn diese jedoch nicht in das bisher angedachte Konzept passen, dann heißt es schnell, man könne ja schließlich nicht alles berücksichtigen, denn das würde das Produkt zu teuer machen. Die Begründungen, warum bestimmte Wünsche nicht realisierbar sind, können ausgesprochen vielfältig sein, und sie werden häufig um so rigoroser geäußert, je weniger Kontakt man mit den betreffenden Kollegen hat, weil diese an einem weit entfernten Standort sitzen. Dabei wird jedoch oftmals vergessen, dass es sich nicht um Wünsche von Kollegen handelt, sondern um die der Kunden des Unternehmens.

Aber auch dieses Verhalten ist verständlich, wenn jeder Bereich im Rahmen von Management-by-Objectives nur an der Umsetzung seiner jeweiligen Fachaufgaben gemessen wird und die Interessen von Kollegen aus ganz anderen Unternehmensteilen nun mal nicht Teil der Zielvereinbarungen sind.

Kunden aus entfernten Galaxien

Das Ergebnis dieser Form der internen Abstimmungen über neue Produkte kann das Unternehmen viel Geld kosten und Kundenbeziehungen unwiederbringlich zerstören. Denn wenn das Unternehmen feststellt, dass relevante Unternehmensbereiche andere Wünsche haben als gedacht oder dass die Anforderungen einer wichtigen Vertriebsgesellschaft an das Produkt doch nicht in erforderlichem Maße berücksichtigt wurden, dann können deren Änderungswünsche noch so klein sein, sie torpedieren die gesamten Unternehmensprozesse.

Wichtig ist, sich nicht nur über die meisten, sondern über wirklich alle internen Kundenbeziehungen im Klaren zu sein. Und wichtig ist außerdem, die Wünsche aller internen Kunden immer und nicht nur meistens zu berücksichtigen. Um sicher zu stellen, dass das auch passiert, sollte jedes Unternehmen die Wünsche der internen Kunden fest in den Zielvereinbarungen der jeweiligen Bereiche verankern und die Mitarbeiter mit Hilfe von »K_i« daran messen, ob die Ziele der internen Kunden auch tatsächlich realisiert werden (→ Kapitel 7.3).

In vorliegendem Beispiel ist vor allem der erste Schritt zur Umsetzung interner Kundenorientierung – die Ermittlung aller internen Kunden – vernachlässigt worden (→ Kapitel 8.1). Jede Landesgesellschaft, jedes weiter entfernte Team des Unternehmens, egal wo es angesiedelt ist, kann ein wichtiger interner Kunde sein. So weit entfernt kann das Team in der »Galaxie« des Unternehmens gar nicht sein, dass seine Kommentare nicht wichtig wären, jedenfalls sofern es sich in der unternehmensinternen Wertschöpfungskette um einen internen Kunden handelt. Das herauszufinden und anschließend seine Interessen zu ermitteln (→ Kapitel 8.2) sind die ersten wichtigen Schritte bei der Umsetzung von interner Kundenorientierung.

Sollten in der weiteren Bearbeitung der Projekte und vielleicht sogar – wie im vorliegenden Beispiel – während der Markteinführung des Produktes interne Probleme auftreten, zu deren Lösung angeblich höhere Führungskräfte notwendig sind, dann ist es Zeit für eine 3-dimensionale Wertstromanalyse (→ Kapitel 8.3). Denn fachliche Probleme sollten von Fachleuten gelöst werden. Höhere Führungskräfte können die notwendige operative Fachexpertise nicht haben. Das ist in einer kundenorientierten Organisation auch nicht ihre Aufgabe.

Wenn also ein Gremium aus höheren Führungskräften notwendig ist, um eine Entscheidung über die Zustimmung zu Wünschen wichtiger Kunden des Unternehmens zu treffen, dann sind bereits zuvor wichtige, kundenrelevante Prozessschritte versäumt worden. Diese sollten ermittelt und in die Ablaufplanung aufgenommen werden. Fortan sollten alle Mitarbeiter daran gemessen werden, ob sich die von ihnen ausgeführten Prozesse immer an den Wünschen aller internen (und dadurch auch externen) Kunden orientieren. Führungskräfte können sich dann auf ihre eigentliche Aufgabe konzentrieren, die strategische Richtung vorzugeben, und müssen sich nicht mehr mit operativen Details beschäftigen, in denen ihre Mitarbeiter im Zweifelsfall aussagefähiger sind.

9.4 Der Info-Point

Mitarbeiter am sogenannten Info-Point großer Dienstleistungsunternehmen für Privatkunden haben manchmal einen schweren Stand. Wenn die angebotene Dienstleistung nicht den Erwartungen entsprach, dann können Kunden recht unangenehm werden. Für solche Fälle gibt es in den Unternehmen Beschwerdeformulare, die die Kunden dann ausfüllen und abgeben können. Oftmals sind diese Formulare jedoch so umfangreich, dass allein ihre Länge von bis zu zwei DIN/A4-Seiten die Kunden abschreckt. Teilweise sollen die Kunden auf den Formularen zunächst die in Anspruch genommene Dienstleistung bis ins kleinste Detail beschreiben, bevor sie ihre Beschwerde überhaupt formulieren dürfen; eine Dienstleistung übrigens, zu deren Buchung inklusive Bezahlvorgang meist wenige Klicks im Internet ausreichten. Allein dieser Umstand sorgt bei den Kunden aus nachvollziehbaren Gründen für weiteren Ärger.

Mitarbeiter in der Sackgasse

Derart emotional aufgeladen fragen die betreffenden Kunden anschließend einen Mitarbeiter am Info-Point des Dienstleisters, welchen Weg das ausgefüllte Beschwerdeformular nimmt und von wem sie wann Rückmeldung zu ihrer Beschwerde erhalten werden. Die Antwort des Mitarbeiters besteht nur aus einem Schulterzucken, allerdings nicht etwa, weil es ihm egal wäre, sondern weil er den Weg des Beschwerdeformulars selbst nicht kennt und weil er definitiv nicht in der Lage ist, die Antwort aus den Tiefen des Unternehmens zu prognostizieren, weder zeitlich noch inhaltlich.

Dass eine solche Antwort nicht geeignet ist, die Laune der Kunden zu heben, ist eindeutig. Das Problem ist allerdings, dass ausgerechnet ein Mitarbeiter dies abbekommt, der keinerlei persönliche Schuld an dem Missgeschick trägt. Aber auch das wäre akzeptabel, wenn der Mitarbeiter wenigstens in der Lage wäre, eine präzise Antwort auf die vollkommen selbstverständliche Frage der Kunden nach dem weiteren Weg ihrer Beschwerde zu geben. So aber hofft der Mitarbeiter jeden Tag, dass möglichst keine Probleme mit den Dienstleistungen des Unternehmens auftreten und dass, wenn es sich nicht vermeiden lässt, wenigstens die Kunden ihren verständlichen Ärger nicht an ihm auslassen. Weder das eine noch das andere kann er jedoch beeinflussen. Er kann nur abwarten und hoffen, dass es nicht zu schlimm wird.

Muss man das aushalten?

Natürlich sollte die Dienstleistung eines Unternehmens alle versprochenen Eigenschaften auch tatsächlich besitzen. Dann ließe sich der Ärger von Kunden von vornherein vermeiden. Da Kundenzufriedenheit die Mindestanforderung an die Arbeit eines Unternehmens ist, sollte das eigentlich eine Selbstverständlichkeit sein. Aber Missgeschicke passieren nun mal, und vor höherer Gewalt ist kein Unternehmen sicher.

Für so einen Fall kommt es auf die Art und Weise des Verhaltens der Mitarbeiter am Info-point als zentraler Anlaufstelle für ärgerliche Kunden an. Wenn diese ruhig und professionell reagieren, dann kann ein Großteil des Ärgers der Kunden bereits in einem frühen Stadium wieder »eingefangen« werden. Von der Fähigkeit der Mitarbeiter, dieses Verhalten auch unter widrigsten Bedingungen an den Tag zu legen, ist das Unternehmen abhängig. Was kann ein Unternehmen tun, um seine Mitarbeiter dabei zu unterstützen? Es kann sie in Kommunikations- und Deeskalationstechniken schulen. Es kann den Mitarbeitern Mentoren für eine Art Supervision zur Verfügung stellen. Es kann den Vorgesetzten der betreffenden Mitarbeiter nahelegen, stets ein offenes

Ohr für deren Nöte zu haben, und es kann die Vorgesetzten in Motivationstechniken schulen. All diese Maßnahmen sind gängige Praxis, und stets geht es darum, die Kunden selbst nach einem Missgeschick noch so zuvorkommend zu behandeln, dass sie dem Unternehmen treu bleiben.

Für ein auch intern kundenorientiertes Unternehmen denkt es dabei allerdings einen Schritt zu weit und vergisst zugleich einen wichtigen Zwischenschritt. Wenn die Kunden trotz ihrer Beschwerden doch noch zufriedengestellt werden sollen, dann sind die für das Unternehmen relevanten Kunden zunächst einmal die Mitarbeiter am Info-Point. Diese müssen zufriedengestellt werden, und ihnen muss das Unternehmen zuhören, um anschließend ihre betriebsnotwendigen Anforderungen vollständig zur erfüllen.

Die Mitarbeiter müssen also mit der gleichen Aufmerksamkeit behandelt werden und mit ihren Wünschen ebenso ernst genommen werden wie die Kunden, die gerade ihre Beschwerden äußerten. Die Mitarbeiter am Info-Point müssen als interne Kunde höchste Priorität genießen. Denn von ihrem Verhalten ist das Unternehmen abhängig, ohne sie führungsseitig steuern zu können. Zugleich sind sie die Einzigen im Unternehmen, die direkten Kontakt zu den Kunden des Unternehmens haben. Fragen diese Mitarbeiter in die Unternehmensorganisation hinein, wie die Beschwerde bearbeitet wird und wann mit einem Ergebnis definitiv zu rechnen ist, dann muss ihre Anfrage oberste Priorität haben, auch wenn die Mitarbeiter selbst keinen nennenswerten Rang in der Unternehmenshierarchie bekleiden. Das ist interne Kundenorientierung; und auch die externen Kunden des Unternehmens werden die neue Qualität der Antworten auf ihre Beschwerden wahrnehmen.

Wenn die Prozesse in einem Unternehmen nach internen Kunden-Lieferanten-Strukturen aufgebaut sind und wenn alle Unternehmensbereiche an der Art der Realisierung der Wünsche ihrer internen Kunden gemessen werden, dann steuert sich die Organisation fast von selbst. Die Mitarbeiter am Info-Point müssen dann nicht hoffen und darauf vertrauen, intern Antworten auf die Fragen ihrer Kunden zu bekommen. Sie können sich darauf verlassen, weil ihre Kollegen daran gemessen werden.

Damit sind die Grundelemente der internen Kundenorientierung erfüllt: Selbststeuerung, Verlässlichkeit und Messbarkeit. Das alleine sichert natürlich noch nicht den Erfolg des Unternehmens. Aber ein weiterer Erfolgsfaktor könnte hinzu gekommen sein, denn interne Kundenorientierung motiviert die Mitarbeiter, sich mit all ihrer Leistungsfähigkeit für das Unternehmen und seine Kunden zu engagieren; und zwar aus einem einzigen Grund: nicht Vorgesetzte, sondern sie selbst als interne Kunden führen.

Anhang

Anmerkungen

1. Geissler; Sattelberger 2003, S. 41
2. Kirchgässner 2000, S 17
3. Vanberg 2005, S. 34 f.
4. vgl. Hirschman 1974, insbesondere S. 65 ff.
5. Hirschman 1976, S. 388; Übersetzung durch den Autor
6. vgl. Aretz 1997, S. 82
7. Arrow 1963, S. 3
8. vgl. Comelli; Rosenstiel 2009, S. 28
9. Zu den Inhaltstheorien der Motivation gehören beispielsweise Maslows Bedürfnispyramide, Alderfers ERG-Theorie, McGregors X-Y-Theorie, Herzbergs 2-Faktoren-Theorie und McClellands Motivationstheorie.
10. Zu den Prozesstheorien zählen unter anderem das VIE-Modell von Vroom, die Theorie von Porter und Lawler, das Motivationsmodell von Heckhausen sowie die Zielsetzungstheorie von Locke und Latham. Weitere Motivationstheorien sind das Job Characteristics Modell von Hackman und Oldham sowie die Gerechtigkeitstheorie von Adams.
11. vgl. Jensen 1994; sowie Jost 2008, S. 498, darin ebenfalls Verweis auf Jensen 1994
12. Die Aufzählung der sechs Motivationsprobleme basiert auf Jost 2008, 484 ff.
13. vgl. für die nachfolgende Beschreibung des Motivationsproblems Jost 2008, S. 487 f.
14. Fallbeispiel aus Schubert 2007, S. 116 ff.
15. vgl. für die nachfolgende Beschreibung des Motivationsproblems Jost 2008, S. 488 f.
16. Luhmann 2000, S. 27
17. Luhmann 2000
18. Akerlof 1970, S. 489 f.; Übersetzung durch den Autor
19. Akerlof 1970, S. 490; Übersetzung durch den Autor
20. vgl. Jost 2008, S. 494
21. Yunker 1993, S. 182; Übersetzung durch den Autor
22. vgl. Sprenger 2005, S. 24: »»(...) Motivierung‹, als absichtsvollem Handeln eines Vorgesetzten oder Funktionieren von Anreizsystemen, das mithin notwendig als Fernsteuerung auszuweisen ist. (...) Motivierung ist und bleibt Fernsteuerung, wie man es auch dreht und wendet, bleibt Manipulation (lat. für: mit der Hand ziehen).«
23. Sprenger 2005, S. 42

24. Sprenger 2005, S. 42
25. Gallup 2013
26. Gallup 2013
27. Friedman; Schustack 2004, S. 39
28. vgl. Friedman; Schustack 2004, S. 17
29. Friedman; Schustack 2004, S. 659
30. vgl. Friedman; Schustack 2004, S. 349
31. vgl. Friedman; Schustack 2004, S. 364: »Henry Murray, ein Begründer der auf Motiven beruhenden Untersuchung der Persönlichkeit, verwendete den Begriff Bedürfnis, um die Bereitschaft zu beschreiben, unter bestimmten Bedingungen auf eine bestimmte Art und Weise zu reagieren (Murray 1962). Die grundlegenden Bedürfnisse umfassen das Leistungsbedürfnis, das Geselligkeitsbedürfnis, das Dominanzstreben und das Bedürfnis nach Beachtung.«
32. Friedman; Schustack 2004, S. 429
33. vgl. Fleishman 1955 und Stogdill; Coons 1957, in: Weissenberg; Kavanagh 1972, S. 119
34. vgl. Kahn; Katz 1953, in: Weissenberg; Kavanagh 1972, S. 119
35. vgl. Weissenberg; Kavanagh 1972, S. 119
36. vgl. Weissenberg; Kavanagh 1972; Skinner 1969. Vgl. für die folgenden Definitionen der beiden Führungsdimensionen Fleishman; Simmons 1970, S. 170.
37. vgl. Blake; Mouton 1975
38. vgl. Blake; Mouton 1982a; S. 22 ff.
39. zu den folgenden drei Menschenbildern vgl. Jost 2008, S. 522 f.
40. vgl. Hersey; Blanchard 1974, S. 28. Übersetzung durch den Autor.
41. vgl. Hersey; Blanchard 1974, S. 29
42. Blake und Mouton stellten in Bezug auf ihr Verhaltensgitter die rhetorisch gemeinte Frage: »Sollten wir Managern empfehlen, ihr Verhalten zu ändern, um es an die Situation anzupassen, oder sollten sie die Situation ändern, um diese in Übereinstimmung mit den grundlegenden Regeln guter Personalführung zu bringen?« Ihrer Auffassung nach sind die – von Ihnen selbst aufgestellten – Regeln guter Personalführung unbedingt zu beachten. Vgl. Blake; Mouton 1982b, S. 39. Übersetzung durch den Autor.
43. vgl. Fiedler 1972a, Fiedler 1972b, Fiedler; et al. 1979
44. Fiedler; et al. 1979, S. 14
45. Fiedler; et al. 1979, S.17; in vorliegendem Zitat wurde der Begriff des Führers durch den der Führungskraft ersetzt.
46. vgl. Scandura; et al. 1986, S. 207
47. vgl. Wilson; et al. 2010
48. vgl. Wilson; et al. 2010, S. 358
49. nach Wilson; et al. 2010
50. Bass 1997, S. 21. Übersetzung durch den Autor.
51. Bass 1997, S. 21. Übersetzung durch den Autor.
52. vgl. Kotter 1996, S. VII
53. vgl. Kotter 1996, S. 123
54. Kark; et al. 2003, S. 253. Übersetzung durch den Autor.
55. Hierzu Bass 1997, S. 21: »Transformationale Führungskräfte schärfen das Bewusstsein ihrer Mitarbeiter für die Wichtigkeit der unternehmerischen Ziele und sorgen dafür, dass sie diese unternehmerischen Ziele realisieren, indem sie ihre eigenen Interessen vernachlässigen.« (Übersetzung durch den Autor.)
56. Harrison 1987, S. 12. Übersetzung durch den Autor.
57. vgl. Ancona; Backman 2010
58. vgl. Chrobot-Mason; et al. 2007

59. vgl. Hambrick; et al. 2005
60. vgl. Vandekerckhove; Commers 2003, S.42
61. vgl. Luhmann 2000
62. Malik 2004, S.149–150
63. vgl. in Bezug auf Motivationsprobleme in Kooperationsbeziehungen auch Jost 2008, S. 484 ff.
64. McLean Parks; et al. 1998, S. 698. Übersetzung durch den Autor.
65. ebd.
66. Marr; Fliaster 2003, S. 178
67. Kotter 2007, S. 99 und Kotter; Cohen 2002, S. 125 ff.
68. vgl. Schubert 2011
69. vgl. Schubert 2007, S. 146 ff.
70. vgl. Biemann; Weckmüller 2012, S. 46 ff. sowie Schubert 2013, S. 248 f.
71. Beschreibung der Methode zur kooperativen Fehlersuche z.T. aus Schubert 2009
72. vgl. Schubert 2012, S. 428
73. erstmalige Publikation der 3-dimensionalen Wertstromanalyse in: Schubert 2012
74. Geissler; Sattelberger 2003, S. 41
75. vgl. Schubert 2013, S. 270 ff.
76. vgl. Schubert 2009
77. vgl. Kapitel 3.1

Verzeichnis der Abbildungen

1 Dimensionen der Führung 73
2 Verhaltensgitter der Führung nach Blake und Mouton 75
3 Reifegradmodell der Führung nach Hersey und Blanchard 79
4 Die LPC-Skala 85
5 Die situativen Führungsvariablen nach Fiedler 87
6 Erfolg unterschiedlichen Führungsverhaltens nach Fiedler 88
7 Zwei Führungswelten: Prozessmanagement vs. Personalführung 100
8 Entscheidungsbaum für interne Kundenorientierung 124
9 Formel zur Berechnung der internen Kundenorientierung 126
10 Kooperative Fehlersuche 141
11 Das IPO-Prozessmodell 144
12 Wertstromkarte als grafische Darstellung der Wertstromanalyse 149
13 Wertstromkarte eines technischen Entwicklungsprojektes 152
14 Die notwendige dritte Dimension der Wertstromanalyse 154
15 Die 3-dimensionale Wertstromkarte des Entwicklungsprojektes 155
16 Zielematrix statt Management-by-Objectives 164
17 Wenn Karriereorientierung das Unternehmen zerstört 166
18 Die Schlüsselmitarbeiter-Matrix 167
19 Market-Pull 172
20 Beispiel für Kundenwunsch-Kategorien 177
21 Die Leistungserwartungen der Kunden 178
22 Das vollständige Netzdiagramm zur Kundenzufriedenheit 179

Verzeichnis der Fallbeispiele

1 Arrows Unmöglichkeitstheorem 25
2 Weiterbildung für höhere Führungskräfte 38
3 Drei Jahre im Ausland 43
4 Schlechte Qualität setzt sich immer durch 46
5 Krank oder im Urlaub? 48
6 Beraterschicksal 50
7 Messebau in Zeitlupe 52
8 ... nicht schon wieder der! 90
9 Beurteilung der Arbeitsleistung ohne quantitative Messgrößen 120
10 Alle sind sauer – keiner ist schuld 129
11 Full-Service Dienstleistungen im kleinen Mittelstand 132
12 Firmenweites Zahlen-Mikado 134
13 Eine typische Krisensitzung 139
14 Workshop »Prozessvermutungen« 145
15 Ablauf des technischen Entwicklungsprojektes 152
16 Einführung einer neuen Software für Projektmanagement 173
17 Tochtergesellschaft mit großem Holzhammer 183
18 Der Linienbus macht Pause 192
19 »Aber erzählen Sie das nicht der Zentrale!« 197
20 Der Info-Point 203

Bibliographisches Verzeichnis

Akerlof, George A. (1970): »The Market for ›Lemons‹: Quality Uncertainty and the Market Mechanism«, in: Quarterly Journal of Economics, Jg. 84, Nr. 3, S. 488–500.

Ancona, Deborah; Backman, Elaine (2010): »Distributed Leadership«, in: Leadership Excellence, Jg. 27, Nr. 1, Executive Excellence Publishing, S. 11–12.

Aretz, Hans-Jürgen (1997): »Ökonomischer Imperialismus? Homo Oeconomicus und soziologische Theorie«, in: Zeitschrift für Soziologie, Jg. 26, Nr. 2, F. Enke Verlag, S. 79–95.

Arrow, Kenneth Joseph (1963): »Social Choice and Individual Values«, 2. Auflage, Wiley Publishing, New York.

Bass, Bernard M. (1997): »Personal Selling and Transactional / Transformational Leadership«, in: Journal of Personal Selling & Sales Management, Jg. 17, Nr. 3, M.E. Sharpe Publishing, S. 19–28.

Biemann, Torsten; Weckmüller, Heiko (2012): »Methoden der Personalauswahl: Was nützt?«, in: Personal Quarterly, Jg. 2012, Nr. 1, Haufe Verlag, S. 46–49.

Blake, Robert R.; Mouton, Jane Srygley (1975): »An Overview of the Grid«, in: Training & Development Journal, Jg. 29, Nr. 5, American Society for Training & Development, S. 29–37.

Blake, Robert R.; Mouton, Jane Srygley (1982a): »A Comparative Analysis of Situationalism and 9,9-management by Principle«, in: Organization Dynamics, Jg. 10, Nr. 4, Elsevier Science Publishing, S. 20–43.

Blake, Robert R.; Mouton, Jane Srygley (1982b): »How to choose a Leadership Style«, in: Training & Development Journal, Jg. 36, Nr. 2, American Society for Training & Development, S. 38–47.

Chrobot-Mason, Donna; Ruderman, Marian N.; et al. (2007): »Illuminating a cross-cultural Leadership Challenge: When Identity Groups collide«, in: International Journal of Human Resource Management, Jg. 18, Nr. 11, Routledge Publishing, S. 2011–2036.

Comelli, Gerhard; Rosenstiel, Lutz von (2009): »Führung durch Motivation: Mitarbeiter für Unternehmensziele gewinnen«, 4. erweiterte und überarbeitete Auflage, Vahlen Verlag, München.

Fiedler, Fred E. (1972a): »How do you make Leaders more effective?«, in: Organizational Dynamics, Jg. 1, Nr. 2, Elsevier Science Publishing, S. 2–18.

Fiedler, Fred E. (1972b): »The Effects of Leadership Training and Experience: A Contingency Model Interpretation«, in: Administrative Science Quarterly, Jg. 17, Nr. 4, Administrative Science Quarterly, S. 453–470.

Fiedler, Fred E.; Chemers, Martin M.; et al. (1979): »Der Weg zum Führungserfolg«, Poeschel Verlag, Stuttgart.

Fleishman, Edwin A. (1955): »Leadership and Supervision in Industry: An Evaluation of a Supervisory Training Program«, Ohio State University Publishing, Columbus, Ohio.

Fleishman, Edwin A.; Simmons, J. (1970): »Relationship between Leadership Patterns and Effectiveness Ratings among Israeli Foremen«, in: Personnel Psychology, Jg. 23, Nr. 2, Wiley-Blackwell Publishing, S. 169–172.

Friedman, Howard S.; Schustack, Miriam W. (2004): »Persönlichkeitspsychologie und differentielle Psychologie«, 2. Auflage, Pearson Verlag, München.

Gallup (2013): »Pressemitteilung zum Engagement Index 2012«, Gallup GmbH, Berlin, Link: http://www.gallup.com/strategicconsulting/160901/pressemitteilung-zum-gallup-engagement-index-2012.aspx, am: 25.08.2013.

Geissler, Harald; Sattelberger, Thomas (2003): »Management wertvoller Beziehungen: Wie Unternehmen und ihre Businesspartner gewinnen«, Gabler Verlag, Wiesbaden.

Hambrick, Donald C.; Finkelstein, Sydney; et al. (2005): »Executive Job Demands: New Insights for explaining Strategic Decisions and Leader Behaviors«, in: Academy of Management Review, Jg. 30, Nr. 3, Academy of Management Publishing, S. 472–491.

Harrison, Roger (1987): »Harnessing Personal Energy: How Companies can inspire Employees«, in: Organizational Dynamics, Jg. 16, Nr. 2, Elsevier Science Publishing, S. 5–20.

Hersey, Paul; Blanchard, Kenneth H. (1974): »So You want to know your Leadership Style? Measuring how You behave in a Situational Leadership Framework«, in: Training & Development Journal, Jg. 28, Nr. 2, American Society for Training & Development, S. 22–37.

Hirschman, Albert Otto (1974): »Abwanderung und Widerspruch: Reaktionen auf Leistungsabfall bei Unternehmungen, Organisationen und Staaten«, J.C.B. Mohr Verlag, Tübingen.

Hirschman, Albert Otto (1976): »Consolidation or Diversity: Choices in the Structure of Urban Governance: Discussion.«, in: American Economic Review, Jg. 66, Nr. 2, American Economic Association Publishing, S. 386–389.

Jensen, Michael C. (1994): »Self-Interest, Altruism, Incentives, and Agency Theory«, in: Journal of Applied Corporate Finance, Jg. 7, Nr. 2, S. 40–45.

Jost, Peter-Jürgen (2008): »Organisation und Motivation: Eine ökonomisch-psychologische Einführung«, 2. Auflage, Gabler Verlag, Wiesbaden.

Kahn, Robert L.; Katz, Daniel (1953): »Leadership Practices in Relation to Productivity and Morale«, in: Cartwright, Dorwin; Zander, Alvin Frederick (Hrsg.): »Group Dynamics, Research and Theory«, Peterson Row Publishing, Evanston, Illinois.

Kark, Ronit; Shamir, Boas; et al. (2003): »The Two Faces of Transformational Leadership: Empowerment and Dependency«, in: Journal of Applied Psychology, Jg. 88, Nr. 2, American Psychological Association Publishing, S. 246–255.

Kirchgässner, Gebhard (2000): »Homo Oeconomicus: Das ökonomische Modell individuellen Verhaltens und seine Anwendung in den Wirtschafts- und Sozialwissenschaften«, 2. Auflage, J.C.B. Mohr Verlag, Tübingen.

Kotter, John P. (1996): »Leading Change«, Harvard Business School Press, Boston.

Kotter, John P. (2007): »Leading Change«, in: Harvard Business Review, Jg. 85, Nr. 1, Harvard Business School Publishing, S. 96–103.

Kotter, John P.; Cohen, Dan S. (2002): »The Heart of Change : Real-Life Stories of How People Change Their Organizations«, 1. Auflage, Harvard Business School Press, Boston, Massachusetts.

Luhmann, Niklas (2000): »Vertrauen: Ein Mechanismus der Reduktion sozialer Komplexität«, 4. Auflage, Lucius & Lucius Verlag, Stuttgart.

Malik, Fredmund (2004): »Führen, Leisten, Leben: Wirksames Management für eine neue Zeit«, 16. Auflage, Deutsche Verlagsanstalt, Stuttgart.

Marr, Rainer; Fliaster, Alexander (2003): »Jenseits der ›Ich AG‹: Der neue psychologische Vertrag der Führungskräfte in deutschen Unternehmen«, Hampp Verlag, München.

McLean Parks, Judi; Kidder, Deborah L.; et al. (1998): »Fitting Square Pegs into Round Holes: Mapping the Domain of Contingent Work Arrangements onto the Psychological Contract«, in: Journal of Organizational Behavior, Jg. 19, Nr. 1, John Wiley & Sons Publishing, S. 697–730.

Murray, Henry A. (1962): »Explorations in Personality: A Clinical and Experimental Study of Fifty Men of College Age, by the Workers at the Harvard Psychological Clinic«, Science Editions, New York.

Scandura, Terri A.; Graen, George B.; et al. (1986): »When Managers Decide not to Decide Autocratically: An Investigation of Leader-Member Exchange and Decision Influence«, Working Paper, Academy of Management Best Papers Proceedings, Academy of Management Publishing, Briarcliff Manor, New York.

Schubert, Andreas von (2007): »Loyalität im Unternehmen: Nachhaltigkeit durch mitarbeiterorientierte Unternehmensführung«, Peter Lang Verlag, Frankfurt.

Schubert, Andreas von (2009): »Exzellenter Kundenservice durch neue Führungsmethoden: Wie Mitarbeiter den Kunden zum König machen«, in: Laske, Stephan; Orthey, Astrid; et. al. (Hrsg.): »Handbuch PersonalEntwickeln«, Vol. 7.43, Nr. 134, DWD, Wolters Kluwer Verlag, Köln, S. 1–31.

Schubert, Andreas von (2011): »What is Worthwhile: Self-Interest, Altruism and Social Interaction in Private Enterprises«, Department of Social Sciences, University of Eastern Finland, Kuopio, Vortrag am 31. März 2011.

Schubert, Andeas von (2012): »3-D-Wertstromanalyse«, in: Zeitschrift Führung + Organisation (zfo), Jg. 81, Nr. 6, Schäffer-Poeschel Verlag, S. 427–429.

Schubert, Andreas von (2013): »Personalwirtschaft: Unternehmerische Aufgabe und gesellschaftliche Verantwortung«, Wayküll Verlag, Lübeck.

Skinner, Elizabeth W. (1969): »Relationships between Leadership Behavior Patterns and Organizational-Situational Variables«, in: Personnel Psychology, Jg. 22, Nr. 4, Wiley-Blackwell Publishing, S. 489–494.

Sprenger, Reinhard K. (2005): »Mythos Motivation: Wege aus einer Sackgasse«, Campus Verlag, Frankfurt.

Stogdill, Ralph Melvin; Coons, Alvin E. (1957): »Leader Behavior: Its Description and Measurement«, Ohio State University, College of Administration, Science Bureau of Business Research Publishing, Columbus, Ohio.

Vanberg, Viktor (2005): »Rationalitätsprinzip und Rationalitätshypothesen: Zum methodologischen Status der Theorie rationalen Handelns«, in: Siegenthaler, Hansjörg (Hrsg.): »Rationalität im Prozess kultureller Evolution: Rationalitätsunterstellungen als eine Bedingung der Möglichkeit substantieller Rationalität des Handelns«, Mohr Siebeck Verlag, Tübingen.

Vandekerckhove, Wim; Commers, M. S. Ronald (2003): »Downward Workplace Mobbing: A Sign of the Times?«, in: Journal of Business Ethics, Jg. 45, Nr. 1, Springer Netherlands Publishing, S. 41–50.

Weissenberg, Peter; Kavanagh, Michael J. (1972): »The Independence of Initiating Structure and Consideration: A Review of the Evidence«, in: Personnel Psychology, Jg. 25, Nr. 1, Wiley-Blackwell Publishing, S. 119–130.

Wilson, Kelly Schwind; Sin, Hock-Peng; et al. (2010): »What about the Leader in Leader-Member Exchange? The Impact of Resource Exchanges and Substitutability on the Leader.«, in: Academy of Management Review, Jg. 35, Nr. 3, Academy of Management Publishing, S. 358–372.

Yunker, Gary W. (1993): »An Explanation of Positive and Negative Hawthorne Effects: Evidence from the Relay Assembly Test Room and Bank Wiring Observation Room Studies«, in: Academy of Management Best Papers Proceedings, S. 179–183.